Tausendundeine Nacht für den Tele-Zoo

Naturfilmer und Naturforscher berichten vom Abenteuer ihrer Arbeit

Herausgegeben von Georg Rüppell

Birkhäuser Verlag
Basel · Boston · Berlin

Bildnachweis:
Die Fotos ohne Quellenangabe stammen vom Autor des jeweiligen Textbeitrages.

CIP-Titelaufnahme der Deutschen Bibliothek

Tausendundeine Nacht für den Tele-Zoo :
Naturfilmer und Naturforscher berichten vom Abenteuer ihrer
Arbeit / hrsg. von Georg Rüppell. – Basel ; Boston ; Berlin :
Birkhäuser, 1990
ISBN 3-7643-2411-2
NE: Rüppell, Georg [Hrsg.]

Umschlaggestaltung: Zembsch' Werkstatt, München
Printed in Germany
ISBN 3-7643-2411-2

Inhalt

Vorwort des Herausgebers

Der Sache dienen, eine Naturfilmserie wie die des Tele-Zoo durch ihre Qualität und den Gehalt populär zu machen, ist keine leichte Aufgabe, denn nicht das Tiergeschichten-Erzählen in der Tradition seit Hermann Löns ist dann gefragt, sondern die sachlich-kritische Auseinandersetzung mit einem Thema. Wenn das bildliche und textliche Niveau Zuschauer anzieht, wenn es gelingt, eine Sendereihe auf diese Weise populär zu machen, dann entsteht eine Bindung auf höherem Niveau, eine, die auf die Sache und nicht auf eine Person gerichtet ist.

Alfred Schmitt als verantwortlichem Redakteur des Tele-Zoo ist das gelungen. Man schaut nicht „Schmitt", sondern Tele-Zoo – man will nicht den Geschichtenerzähler, sondern den Gehalt der Tiersendung erleben.

Wer so sachlich seine Fernseharbeit sieht, wer auf persönliche Popularität bewußt verzichtet, dem kann man nur danken, da er vorbildlich vielen dient, dem Naturfilm und der Natur – aber auch den Filmautoren, die in engagierter und mit vielen Opfern verbundener Arbeit in allen Teilen der Welt Filme drehen und im Tele-Zoo damit auch gewürdigt werden.

Deshalb kommen Filmautoren gerne zum Tele-Zoo und liefern Beiträge, die aus vielen unterschiedlichen Bereichen stammen – aus dem Tümpel vor der Haustür ebenso wie aus dem entferntesten Dschungel. Darunter sind schlichte und schöne Filme ebenso wie Filme, die Geschichte machten:

Geschichte machte zum Beispiel der erste Film über den Urfisch *Latimeria,* den Quastenflosser, ein lebendes Fossil, den man bis dahin für ein ausgestorbenes Lebewesen hielt. Hans Fricke hat mit Hilfe von „Geo" und dem ZDF, vertreten durch Alfred Schmitt, in gewagter Tauchfahrt die zoologische Großtat vollbracht, in 200 Meter Tiefe dieses wichtige Bindeglied zwischen Fischen und landbewohnenden Wirbeltieren zu finden und in seinem natürlichen Rückzugslebensraum zu filmen. Das hat ihn nicht nur auf die Titelseiten der naturwissenschaftlich führenden Journale, sondern auch in den Tele-Zoo gebracht. Warum ein so erfolgreicher Zoologe zum Tele-Zoo ging, hatte einen einfachen Grund: Es gab dort keinen populären Moderator, hinter den er sich stellen mußte, sondern er konnte bei einem unkompliziert und sachlich arbeitenden Wissenschaftsredakteur den Film einer zügigen Bearbeitung übergeben. Dieser Redakteur des Tele-Zoo Alfred Schmitt – und als solcher und nicht als Moderator hat er sich immer verstanden – hat vor allem das Gespür dafür gehabt, wann es sich zu fördern lohnt – keinesfalls nur bei großen Namen, sondern vor allem bei begeisterten und fähigen Nachwuchsfilmern. Zwei weitere Beispiele, die wie alle übrigen auch in diesem Buch eingehende Informationen liefern, mögen das veranschaulichen und zugleich zeigen, wie auch hier ein Millionenpublikum erste Einblicke in bisher unbekannte Bereiche der Natur bekam.

Es gibt am Amazonas einen Vogel, den es eigentlich gar nicht geben darf, so ungewöhnlich ist sein Erscheinungsbild und sein Verhalten: der Hoatzin. Der Ursprung seiner Besonderheit – er frißt als einer der wenigen Vögel Blätter. Pflanzenfressende Vögel haben große Gärkammern für die aufwendige Verdauung. Solchen großen und schweren Vögeln ist es aber nicht möglich, steil nach oben in das Blätterdach zu fliegen und sich dort an den Blättern gütlich zu tun. Es scheint, als ob der Hoatzin gar nicht erst den Steilflug versucht – er flattert und klettert lieber gleich. Bei Bedrohung lassen sich die Jungen einfach aus den Uferbäumen ins Wasser fallen, tauchen zum Ufer und verstecken sich. Irgendwann klettern diese einfallsreichen Vegetarier wieder in die Höhe, wobei sie die Füße, die Schnäbel und die krallenbewehrten Flügel benutzen.

So abenteuerlich diese Geschichte über einen Vogel auch klingt – diese aber filmen zu wollen ... Alfred Schmitt hat wohl gewußt, wie schwierig diese eindrucksvoll an das Leben in Urwaldbäumen angepaßten Vögel zu filmen sind. Dennoch hat er dem jungen Autor zugeredet, das Unternehmen gefördert und zu einem spektakulären Erfolg verholfen.

Ebenso erfolgreich sollte auch ein Film über den Schuhschnabel werden, damals realisiert von einem jungen Mann, der sich sogar die Filmausrüstung ausleihen mußte. – Der scheue Schuhschnabel lebt und brütet in bodenlosen Sümpfen Ugandas – mit allen Gefahren für den Menschen von Bilharziose bis Malaria – und war zu dem Zeitpunkt noch nie bei der Brut gefilmt worden.

Nach zwei Jahren war dieser junge Mann wieder zurück und hatte ganz außergewöhnliche Aufnahmen im Gepäck. Im Tele-Zoo sind sie dann gezeigt worden und waren auch wissenschaftlich so interessant, daß sie im Göttinger Institut für den wissenschaftlichen Film veröffentlicht worden sind.

Ein weiterer, längerer Film vom gleichen Autor über Beute-Erwerb und Flugmanöver von Greifvögeln gehört zum Besten des ornithologischen Films überhaupt. Die Liste weiterer Beispiele ließe sich verlängern – das hieße aber dem vorliegenden Band vorgreifen.

Drei weitere wichtige Aufgaben kennzeichnen die Qualität des beliebten Tiermagazins: wissenschaftlich fundierte Berichterstattung, spannende Unterhaltung durch guten Journalismus und Eintreten mit ganzer Kraft für den Naturschutz.

Verlag, Herausgeber und Autoren sind sich darin einig, daß so wichtige und herausragende publizistische Leistungen, wie sie der Tele-Zoo seit über 20 Jahren erbringt und so Biologie auf informative und unterhaltende Weise in die Öffentlichkeit trägt, auch Langzeitwirkung verdienen, die nur das Buch erzielt, denn Fernsehen bleibt bei allen Vorzügen doch ein flüchtiges Medium.

Höhepunkte, die inhaltlich oder optisch so beeindruckend waren, daß sie unvergessen bleiben sollten, sind in diesem Buch festgehalten, das in abrundend-vertiefender Form alle wichtigen Informationen in Text und Bild enthält und so Wissen dauerhaft vermittelt, das Natur verteidigt. So kommen in dieser Dokumentation erstmals auch gemeinsam die bekanntesten Naturfilmer und Naturforscher zu Wort, die engagiert für die Entdeckung und Erhaltung der Natur tätig sind, und spiegeln in ihren Reportagen Wissenschaft und Abenteuer – untrennbar mit ihrer Arbeit und ihrem Einsatz verbunden.

Eine Besonderheit dieses Buches ist auch darin zu sehen, daß es vermeintliches Wissen, wie zum Beispiel über den Igel – von vielen bisher buchstäblich zu Tode gepflegt –, in einigen Fällen korrigiert.

So werden viele Fernsehzuschauer sicher gerne zu diesem Buch greifen, mit dem sie zugleich einen Blick hinter die Kulissen der Naturfilm- und Fernseharbeit tun können. Aber auch viele andere, die den Tele-Zoo und weitere wissenschaftliche Tier- und Natursendungen des ZDF, deren Inhalt hier dokumentiert ist, nicht oder noch nicht kennen, werden dieses Buch gerne zur Hand nehmen, weil es für jeden Tierfreund, Naturliebhaber und Naturschützer gleichermaßen Wissen anschaulich vermittelt.

Georg Rüppell

Lothar Dittrich

Wie es zum Tele-Zoo kam

Ein Filmbericht über ein Zoojubiläum stand am Beginn einer Sendereihe, die sich zum Tele-Zoo entwickeln sollte.

Am 4. Mai 1965 feierte der Zoo Hannover sein 100jähriges Jubiläum. Das ZDF, in Hannover erst seit wenig mehr als zwei Jahren mit einem Landesstudio vertreten, brachte dazu in einer Magazinsendung mit Nachrichtencharakter einen kurzen Film über die hannoverschen Zootiere, der dem Redakteur Oldwig Jancke und dem Kamerateam Axel Mewes' so publikumswirksam gelungen war, daß er die Zentrale des ZDF aufmerken ließ. Die Idee wurde geboren, künftig wiederholt Filme über Zootiere in das Sendeprogramm aufzunehmen. Der Zeitpunkt war günstig. Das ARD-Fernsehen, seit Jahren auf Sendung, hatte – anders als das ZDF – mit Prof. Dr. Grzimeks „Ein Platz für Tiere", mit Eugen Schumachers „Auf den Spuren seltener Tiere" und Heinz Sielmanns „Expeditionen ins Tierreich" große und attraktive Tiersendungen im Programm.

Im Spätherbst und Winter 1965/66 bereisten Oldwig Jancke und ich die deutschen Zoologischen Gärten, um interessante Themen herauszufinden und die Drehmöglichkeiten zu erkunden. Die Idee, regelmäßig über Zootiere im ZDF zu berichten, fand die ungeteilte Zustimmung der Zoodirektoren. Im Frühjahr 1966 begannen die Filmaufnahmen. Im April 1966 lief als Testsendung die Nullproduktion. Auch sie bekam großen Beifall. Im November desselben Jahres startete die neue Magazinsendung des ZDF. Ihr Titel „Aus dem Reich der Tiere", vier Sendungen im Vorabendprogramm waren pro Jahr vorgesehen.

Die Filme wurden zunächst vom Landesstudio produziert und bearbeitet. Die Beiträge aus den verschiedenen Zoos sollten in erster Linie interessante biologische Vorgänge zeigen, die Besucher Zoologischer Gärten vor Ort gar nicht oder nicht vollständig beobachten konnten. So standen in den sechziger Jahren die deutschen Zoos vor der Aufgabe, viele der zoogeborenen Orang-Utan-, Gorilla- und Schimpansenkinder künstlich aufziehen zu müssen, weil die Mütter die Annahme ihrer Neugeborenen verweigerten. Der weitere Fortgang der Erkenntnisse über die Jungenaufzucht von Menschenaffen ergab, daß die heranwachsenden, geschlechtsreif werdenden Weibchen die Möglichkeit haben müssen, Lernerfahrungen zu gewinnen, wie man ein Kind aufzieht. Nach dem Wiederaufbau der meist kriegszerstörten Zoos war die Zucht der Menschenaffen gerade erst in Gang gekommen, hauptsächlich mit jungen, aus der Wildbahn entnommenen Weibchen, die solche Erfahrungen, ihrer Jugend wegen, in der Elterngruppe noch nicht gesammelt hatten. Aus hygienischen Gründen mußten die Menschenaffenbabies in den Zoos unter Ausschluß der Öffentlichkeit aufgezogen werden, wenigstens in den ersten Lebensmonaten. Mit der Kamera konnte man aber risikolos in die Kinderstuben schauen.

Auch die künstliche Aufzucht von Bären, als Neugeborene winzige Welpen von knapp 500 Gramm Gewicht, denen im Abstand von $2^1/_2$ Stunden, Tage und Nächte hindurch, wenige Kubikzentimeter Milch eingeflößt werden mußte, wurde zum Thema eines Filmberichtes. Inhalt einer anderen Sendung war die Aufzucht der an den Küsten der Nordsee gestrandeten Seehundwelpen, die Strömung und Wind von der Mutter weggetrieben hatte. Die mutterlosen Robbenbabies blieben erst am Leben, als man herausgefunden hatte, daß sie Milch von Rindern, Ziegen oder Schafen nicht vertragen, und es gelungen war, eine Nährlösung ohne jeden Milchanteil zu mischen.

Ein zentrales Thema war das spezifische, auf die Zooumwelt bezogene Verhalten von Zootieren. In einem Filmbericht darüber, daß Zootiere ein artgemäß eingerichtetes Gehege als Lebensraum betrachten, nicht anders als freilebende Artgenossen ihr Revier, gab es spannende Sequenzen, die zeigten, daß der das Rudel führende Bock bereit ist, sein Zoogehege gegen Störungen zu verteidigen. Ich entsinne mich noch sehr gut der aufregenden Momente, als ein zum Nachweis dieses Verhaltens ausgelöster Angriff eines wehrhaften Antilopenbocks ablief, natürlich mit Sicherheitsvorkehrungen, die nicht ins Bild kamen. Die stattlichen Böcke der Nyala-Antilopen aus dem südlichen Afrika haben ein eindrucksvolles Drohverhalten. Sie senken nicht nur das schwere Gehörn, sondern krümmen auch die Rückenlinie zu einem mächtigen Buckel und stellen Hals- und Rückenmähne auf, wodurch sie sich optisch erheblich vergrößern. Diese Drohgeste löste ein dem Nyalabock wohlbekannter Tierpfleger aus, indem er sich an den Trenngraben vor das Gehege stellte. Obwohl er als bedrohlicher Rivale empfunden wurde und der Antilopenbock mit Leichtigkeit ein Mehrfaches der Grabenbreite überspringen konnte, erfolgte kein Angriff über den Graben. Die Drohgebärde des Bocks sollte nur dokumentieren, daß er nicht gewillt war, dem Tierpfleger den Zugang, etwa über den schmalen, zwei Meter breiten Graben hinweg in die Anlage zu gestatten, weil er ihn als Konkurrenten und das Zoogehege als sein Eigentum betrachtete.

Eine weitere Sequenz sollte aber auch den Ernstfall, den tatsächlichen Angriff eines Antilopenbocks zeigen. Als Hauptdarsteller für diese Szene wurden ein weniger wehrhafter Gazellenbock und ein lauferprobter Tierpfleger ausgewählt. Glücklicherweise gelang die Szene auf Anhieb. Eine Wiederholung hätten wir wohl nicht gewagt. Die Staubwolke, die der in rasantem Tempo aus dem Gehege flüchtende Tierpfleger hinter sich herzog, war echt, und er kam auch nur im Sekundenabstand rechtzeitig durch die hinter ihm ins Schloß geworfene Tür, ehe der Hornstoß des Bocks erfolgte.

Auch über neue tiergärtnerische Einrichtungen und Managementmethoden wurde in der Sendereihe berichtet, so über das Aquarium in der Wilhelma Stuttgart oder über das eben praxisreif entwickelte „Narkosegewehr", einen Schußapparat, mit dem man aus einer Distanz bis zu 35 Metern wehrhaften Großtieren nicht nur Beruhigungsmittel und Narkotika, sondern auch Medikamente und Vitaminpräparate injizieren konnte. Einige Privatzoos wurden vorgestellt, auch die ersten Safariparks, die in den sechziger Jahren eingerichtet und von vornherein von der Fachwelt recht kritisch betrachtet wurden. Es gab Filmberichte darüber, wie man den Zootieren artgemäß Gehege einrichtet, über die Berufsausbildung der Tierpfleger, über neueste Erkenntnisse der Ernährung von Zootieren und über die Möglichkeit und Grenzen der Anpassung von Tieren warmer Klimate an unser Winterwetter. Und immer wieder Informationen über das Verhalten von Zootieren, etwa das von Menschenaffenzwillingen, oder darüber, daß hochmarine Fische – Heringe etwa – am besten in einem großen Rundbecken gehalten werden, weil sie darin wie in ihrem natürlichen Lebensraum lange Strecken in einer Richtung schwimmen können.

Die Filmaufnahmen wurden von Wolfgang Behnsen, in erster Linie aber von Axel Mewes und seinem Team gemacht, der sowohl ein sehr schneller als auch, durch eigene Tierhaltung erfahren, ein für Tieraufnahmen besonders sensibler Kameramann war. Ihm sind nicht nur interessante und ästhetisch sehr schöne Filmsequenzen gelungen, er hatte auch das Glück des Tüchtigen und großen Mut. Dabei ist mir, der ich die Verantwortung bei den Filmaufnahmen zu tragen hatte, in der Zusammenarbeit mit ihm auch bewußt geworden, wie schnell eine Situation dramatisch werden kann.

Unbeeindruckt von der Wassertemperatur um 8°C und nur geschützt durch einen der üblichen Taucheranzüge, filmte Axel Mewes mit einer Unterwasserkamera das Verhalten unseres See-Elefantenbullen, nachdem dieser untergetaucht war. Die Distanz, die er zu der tonnenschweren Robbe halten mußte, um nicht einen Angriff zu provozieren, war selbstverständlich vorher genau festgelegt worden. Zusätzlich standen am Beckenrand Tierpfleger mit langen Stangen bereit, um den Bullen abzulenken, falls sich dieser bedroht fühlen sollte und entsprechend reagieren würde.

Die letzten Meter waren abgedreht, und der Kameramann sollte zum Beckenausstieg zurückkehren. Aber dieser schwamm geradewegs dem Robbenbullen entgegen – zwischen die sofort aufgerissenen, daumenstarken und -langen Eckzähne. So schnell konnten die Sicherheitsmaßnahmen gar nicht greifen. Natürlich biß der Bulle sofort zu. Der dünne Taucheranzug konnte kein Schutz sein. Das Becken färbte sich sofort rot, aber gottlob hatten die mächtigen Zähne die Lunge des Schwimmers nicht getroffen. Verletzt wäre er unter Wasser kollabiert. Es stellte sich dann heraus, daß aus unerklärlichen Gründen die Taucherbrille des Kameramannes plötzlich beschlagen und ihm jede Orientierung genommen war.

Derart aufregende Vorfälle ereigneten sich aber glücklicherweise selten. Eher ist mir aus den ersten Jahren noch in Erinnerung, wie mühselig die Besprechung der Filme, die Tonmischung war. Noch war das Landesstudio des ZDF in Hannover provisorisch in einem kleinen Einfamilienhaus am Rande der Innenstadt untergebracht. Der Sprecherraum, von der doppelten Größe einer Telefonzelle, hatte keine Sichtverbindung zum Tonmeister Helmut Elbl am Mischpult. Trotz aller Aufwendungen war es nicht gelungen, die Kabine so abzuschotten, daß Umgebungslärm nicht mehr hereindrang. So mußten die Tonaufnahmen nach dem Feierabendverkehr, oft sehr spät abends, angefertigt werden. Die Sprachaufnahmetechnik erlaubte noch kein rasches Wiedereinblenden. Unterlief beim Sprechen ein Fehler, mußten lange und große Sequenzen erneut von vorn besprochen werden, eine an den Nerven zehrende Methode.

Im Jahr 1967 wurde Oldwig Jancke in die Zentrale des ZDF nach Mainz berufen. Sein Mitarbeiter Gerd Uhde übernahm zunächst die Redaktion der Sendung, bis auch er in die Zentrale versetzt wurde.

Bis dahin hatten die Filmberichte „Aus dem Reich der Tiere", nunmehr in fünf Sendungen pro Jahr zu sehen, eine so gute Beurteilung und Einschaltquote gefunden, daß die Sendereihe von einem Redakteur aus der Redaktion Gesundheit und Natur in der Mainzer Zentrale übernommen wurde. Die Wahl fiel auf Alfred Schmitt. Am 1. Januar 1969 wurde die redaktionelle Leitung der Sendung in seine Hände gelegt.

Noch blieb zunächst alles beim alten. Die Themen kamen weiterhin aus den deutschen Zoos und den Tiergärten der angrenzenden Länder und wurden als Schwarz/weiß-Filme gesendet. Als Neuerung brachte Alfred Schmitt zunächst Tierrätsel in die Magazinsendung ein, die großen Beifall fanden. Ich entsinne mich noch anläßlich eines Besuches in Mainz, wie die Rätselauflösungen waschkörbeweise in die Redaktion getragen wurden und Hilfskräfte mit der Auswertung betraut werden mußten.

Zu Beginn des Jahres 1972 kam dann der große Schritt zum Tele-Zoo. Mit der Sendung vom 29. Januar 1972 wurde das Tiermagazin ins Abendprogramm übernommen und in Farbe ausgestrahlt. Auch die Präsentation der einzelnen Beiträge änderte sich. Mehr und mehr wurden die Moderationen zur Einführung der einzelnen Beiträge in ein Studio verlegt und schließlich allein von Alfred Schmitt übernommen. Bis zum Jahr 1975 blieben aber die Themen aus den Zoologischen Gärten integraler Inhalt der Sendung. Von da an gewannen Berichte über freilebende Tiere, zunächst auch über Hobby-Tierhaltungen breiteren Raum. Beiträge aus dem Kreis der Autoren der vorliegenden Publikation bestimmten neben Produktionen anderer, auch ausländischer Fernsehanstalten und Institutionen, die synchronisiert wurden, nunmehr den Inhalt des Tele-Zoo.

Als derjenige, der am längsten mit dieser Tiermagazinsendung des ZDF verbunden ist, der für die Texte vieler Beiträge die biologisch-fachliche Verantwortung trug und dadurch sehr oft mit Alfred Schmitt zusammengearbeitet hatte, kommt es mir vielleicht am ehesten zu, einige persönliche Worte über Alfred Schmitt zu sagen, auch wenn ich genau weiß, daß ihm solche Öffentlichkeit im Grunde genommen zuwider ist. Seit langem mit ihm befreundet, nehme ich mir trotzdem die Freiheit zu einer kurzen Laudatio.

Ohne Alfred Schmitt hätte es diesen Tele-Zoo nicht gegeben, zumindest nicht in der für ihn charakteristischen und unverwechselbaren Machart und nicht über einen so langen Zeitraum von fast 20 Jahren. Anders

Seit 1972 gestaltet und moderiert Alfred Schmitt das beliebte Tiermagazin „tele-zoo".

als bei vielen anderen Magazinsendungen geht die Faszination dieser Sendung nicht von der gewollten Selbstdarstellung ihres Moderators aus. Sie brilliert durch die Fülle ganz unterschiedlicher Einzelbeiträge. Nicht allein die Sensibilität des Fernsehjournalisten Schmitt und sein Gespür für gute Themen, publikumswirksam gemacht und informativ vorgestellt, hat der Magazinsendung so lange immer wieder neue wertvolle Beiträge gesichert. Die Attraktivität der Sendung für die Filmautoren war in erster Linie auch der Integrität seiner Persönlichkeit zu verdanken. Obwohl stets einem hohen Qualitätsmaßstab verpflichtet, mit klarer Vorstellung von publikumswirksamen Beiträgen, bei feinem Gespür für die Stärken und Schwächen eines Filmes – in jahrzehntelanger Zusammenarbeit mit Journalisten der verschiedenen Medien habe ich keine zweite Persönlichkeit kennengelernt, der das exakte Erhalten der Handschrift der Autoren trotz aller oft aus Gründen der Sendezeit notwendigen Bearbeitung ein derart unverletzliches Gebot war. Jeder, der mit Alfred Schmitt zusammenarbeitet, wird schnell erfahren, daß er sich innerhalb der Sendung bestätigt sieht, ja durch die Moderation oft sogar gefördert wird. Niemals ist er bestrebt, mit Hilfe der Leistungen der Filmautoren sich selbst in den Vordergrund zu spielen. Gerade weil man so oft in ähnlichen Magazinsendungen anderes erlebt, fällt diese noble Art Alfred Schmitts im Umgang und der Wertschätzung seiner Autoren so wohltuend auf. Jeder Filmautor hatte die Gewißheit, selbst und unmittelbar zum Fernsehzuschauer sprechen zu können, und nicht wenige Filmautoren, die sich inzwischen einen guten Namen gemacht haben, verdanken Alfred Schmitt den Einstieg. Er erkennt nicht nur schnell Talente. Er hält es für seine Pflicht, sie behutsam und ausdauernd zu fördern.

Als einen großen Glücksfall betrachte ich es, seit fast 20 Jahren mit Alfred Schmitt zusammenarbeiten zu können. Ich verdanke ihm neben einer immer anregenden Freundschaft viele menschlich interessante Begegnungen und manchen herausfordernden Denkanstoß. Und wenn mir auch nicht alle redaktionsinternen Beurteilungskriterien und -ergebnisse, Einschaltquoten und ökonomische Bilanzen der Sendungen bekannt geworden sind – von lästigen Verwaltungszwängen verstand er seine Mitarbeiter weitgehend freizuhalten –, kann ich als einer der lange Jahre amtierenden Tiergärtner beurteilen, wie viele Tierfreunde Alfred Schmitt mit dem von ihm verantworteten Tele-Zoo gewonnen und an Wissen bereichert hat. Auch um die Zoologischen Gärten und ihren Bildungsauftrag, Informationen über Tiere zu verbreiten und Liebe zur Welt der Tiere zu wecken, hat er sich verdient gemacht. Immer wieder bieten die Sendungen des Tele-Zoos mit ihrer vielschichtigen biologischen Problematik Anstöße für Diskussionen, zum Beispiel auch mit Studenten, denen hier neue Informationen geboten werden. Dafür gebührt Alfred Schmitt aufrichtiger Dank – auch im Namen meiner Tiergärtnerkollegen.

Peter Baumann

Das letzte Turnier – Der Kampfläufer

Nur ein leises Zischen ist zu hören, als der erste Kämpfer in der Arena landet. Es ist drei Uhr früh, und ein Apriltag schickt schon schwaches Licht voraus. Die Arena – das ist ein Platz von fünf mal zwei Metern. Verborgen im trügerischen Gelände einer feuchten Wiese liegt sie, geschützt hinter einem dreifach gestaffelten Hindernis aus Wassergräben . . .

Der erste Ritter bezieht Stellung im Zentrum. Als der zweite Kombattant Sekunden später das Feld betritt, macht sich der schwarze Ritter überlebensgroß und läßt den Morgenwind in seinem stolzen Federkragen spielen. Der Neuankömmling versteckt die Schnabelwaffe im jugendlichweißen Gefieder und macht sich am Rande des Turnierplatzes dünn. In den Augen des Territorialhahnes ist er nur ein „Ritter von der traurigen Gestalt". Nicht auszudenken, was er für Prügel bezogen hätte, wäre er aus Versehen im besetzten Gebiet gelandet. Die Position des schwarzen Ritters wird nicht unangefochten bleiben. Unter den neun Kampfläufern, die sich zwei Stunden vor Sonnenaufgang auf diesem Platz im Asseler Sand bei Stade einfinden, kann einer sein Meister werden.

Worum geht es an diesem Morgen? Die Antwort ist drastisch und so alt wie die Natur: um Land und Weiber. Insofern ist die Devise der taubengroßen Ritterschaft gleich, welche Farbe sie auch immer im Federschilde führen mag. Die weißen, schwarzen, braunen, rostfarbenen, gestreiften und gesprenkelten Hähne kommen schnell zur Sache. Drei, vier selbstbewußte Territorialhähne imponieren auf neunzig bis hundert Qua-

---

➢
Porträt eines Kampfläuferhahns, erkennbar an seiner Halskrause.
Foto: Bruno Dittrich

dratzentimetern „Grundbesitz", statuarisch gereckt, mit aufgestelltem Federkragen, drohen sie mit heftigen Schnabelstößen ihren Satelliten, die augenblicklich beschwichtigend auf die Fersen sinken und ihren „Dolch im Gewande" verstecken. Am Saum des Balzplatzes üben sich die drittrangigen Peripheriehähne in Beinarbeit, laufen sich warm für ihre Aufstiegschance. Denn nur einem „Grundbesitzer" werden die Weibchen bei Sonnenaufgang ihre Gunst beweisen, und der tüchtigste „Chevalier combattant" im Zentrum wird bevorzugt.

Nach dem Eröffnungsritual geraten die Streiter schnell in Hitze! Nicht länger schauen die Satellitenhähne zur Seite, wenn der Platzherr seinen Standpunkt vertritt. Plötzlich zeigen sie Schnabel – und das Gefecht ist im Gange! Dabei wird nicht nur Florett gefochten. Man tritt den Gegner mit Füßen und haut ihm die Flügel an den Kopf, so daß ihm Hören und Sehen vergeht. In der Erregung steigen die Rivalen im Schwirrflug steil empor und tragen ihren Strauß zwei, drei Meter über der Arena aus. Sieger im Zweikampf ist der Hahn mit der größeren Ausdauer und dem größeren Mut. Selten oder nie ist der Verlierer verletzt. Aber gestraft ist er! Hat ein Territorialhahn das Gefecht verloren, sinkt er im Status auf den dritten Rang, muß zu den Habenichtsen am Rande der Arena. Der Satellitenhahn ist nun Grundbesitzer, und vom Rande her rückt ein Aufsteiger nach auf den zweiten Rang.

Wer zum erstenmal und ungeschulten Auges die turbulente Szene auf einem Balzplatz beobachtet, dem teilt sich kaum mit, daß es beim Turnier des *Philomachus pugnax* so strikt nach der Regel zugeht wie beim Baseball. Erst in neuerer Zeit haben Ornithologen nicht nur die geschilderten Spielregeln, sondern auch das überaus komplizierte soziale System, nach dem die Kampfläufer-Gesellschaft organisiert ist, besser zu durchschauen gelernt. Nach dem heutigen Erkenntnisstand hat die Natur den Hähnen „Geburtsvorteile" mit ins Ei gelegt. Statussymbole der ranghöchsten Kampfläufer sind meist ein schwarzgefärbter Schopf und Kragen. Wer dagegen mit den Erbanlagen für ein weißes Prachtgefieder aus dem Ei kroch, hat es schwerer, ein Territorium zu erlangen oder gar ins Zentrum vorzustoßen. Die Vertreter all der anderen Farben nun, die braunen, rostroten, gestreiften und gesprenkelten Hähne, haben bessere Aufstiegschancen als die weißen – besonders dann, wenn sie in großen Balzgemeinschaften ihr Glück versuchen.

So ein Positionswechsel ist im übrigen kaum eine Sache von Stunden, vielmehr oft das Ergebnis tagelanger Annäherungsversuche und Kämpfe.

Nur einer schaffte ihn in Sekunden! In der kleinen Balzgemeinschaft im Asseler Sand beobachtete Bruno Dittrich einen Satellitenhahn, der ziemlich kampflos mit einem trickreichen Zickzacktanz ins begehrte Zentrum gelangte. Wie das? Er gab seinen Plan auf, einem Grundbesitzer das ziemlich ungünstig gelegene Territorium abzuringen, das nahe dem östlichen Saum auf der Schmalseite des Balzplatzes lag.

Mit aufgestellten Kragenfedern tanzte er in Richtung des nächsten nördlichen Territoriums davon. Dort übertrat der Hahn gar nicht erst das Niemandsland, sondern dienerte sich auf einer zum Zentrum hin abknickenden Bahn am Inhaber des Balzfeldchens vorbei, um überraschend an dessen Innenflanke aufzutauchen. Ehe dieser Territorialhahn erst richtig böse werden konnte, schob sich der Tänzer ans nächste Feld heran, das schon am Saum des begehrten Zentrums lag. Dem arg beschäftigten Kampfläufer dort demonstrierte er mit gesenktem Schnabel Friedfertigkeit und rückte nun, nach einem abermaligen Knick, ins Zentrum vor. Der Chef des Feldes dort hatte schon einen Satelliten in Schach zu halten und auch seine Sorgen mit dem Inhaber des nächsten Grundstücks. Als der Neue nun in seinem Rücken auftauchte, ließ er sich gern von dessen Demutsgeste beruhigen.

Der Tänzer konnte zufrieden sein. In dieser günstigen Position konnte er getrost die Ankunft der Weibchen abwarten. Entweder rückte er später auf, oder er gewann mit Glück auch so eine Partnerin.

Die Weibchen interessiert der Kampf im Morgengrauen kaum. Sie sind spät auf den Beinen, steuern den Balzplatz meist erst an, wenn Ergebnisse vorliegen. Nach dem Motto „Wo was ist, kommt immer noch was dazu" kümmern sie sich in erster Linie um die Territorialhähne.

Auf dem Balzplatz im Asseler Sand ließ sich das erste Weibchen bei Sonnenaufgang blicken – lange nach Beginn der Rangelei also. Augenblicklich schlugen alle neun Kampfläufer aufgeregt mit den Flügeln. Einer stieg senkrecht wie ein Hubschrauber empor und zeigte den Balzgenossen die weißleuchtende Unterseite der Flügel. Das Weibchen landete.

Eine schlichte Erscheinung, und das ist noch geschmeichelt! Die im Vergleich zu den Männchen halbe Portion von Weibchen steht auf graugrünen Beinen und hat ein graubraun gesprenkeltes Tarnkleid. Die Wirkung der spillrigen Henne aber war ungeheuer. Alle Kampfläufer sanken augenblicklich tief ins Gras. Um das Weibchen nicht zu beunruhigen, schauten die Hähne beiseite. Die hübschen Satellitenhähne machten sich noch hübscher. Sie saßen auf den Fersen, spreizten Kragen- und Rücken-

Kampfläufer auf dem Balzplatz. Im späten Frühjahr balzen die Männchen und locken die Weibchen mit ihrer großen, aufgerichteten Halskrause aus bunten Federn. Kampfläufer führen keine Ehe. Ein Weibchen paart sich mit verschiedenen Männchen und übernimmt Nestbau, Brut und Jungenaufzucht. Foto: Klaus Wernicke

gefieder und fächerten zudem noch Flügel und Schwanz auf. Die Henne beachtete sie gar nicht, sondern nahm ihren Weg zielbewußt quer durch mehrere Balzflecken ins Zentrum. Der eine der beiden Territorialherren dort, dem ihre Wahl galt, war mit seinem Rivalen beschäftigt. Er lag tief ins Gras geduckt da und berührte mit dem Schnabel drohend den Schmuckkragen des Nachbarn. Dem Weibchen aber wies er, in dieser Haltung erstarrt, die Kehrseite. Es erlöste ihn, indem es mit dem Schnabel leicht dessen Kopf berührte und sofort wegflog.

Der so zur Begattung aufgeforderte Hahn folgte. Als gleich darauf zwei Weibchen auf dem Turnierfeld erschienen, gehörte auch der Zickzacktänzer zu den Auserwählten. Irrtümlich wohl. Jedenfalls duckte sich eine Henne vor ihm ins Gras und ließ sich an Ort und Stelle begatten. Auch wenn der Territorialhahn schnell wieder seinen Platz im Zentrum einnahm, hatte er sich erschlichen, was man als Höhepunkt im Leben eines

Kampfläufers bezeichnen kann – die Hochzeit. Sie dauert nur Sekunden und ist den Hähnen doch alle Mühen wert.

Im Asseler Sand wurden die Hähne von der Balz so in Anspruch genommen, daß sie sich in der Hitze des Gefechts auch von den Weißbunten nicht stören ließen, die nahe der Grabenkante weideten. Sie waren sogar taub gegen Motorgeräusche. Bruno Dittrich, der die aufregenden Turnier-Szenen fotografierte, hatte die Kampfhähne endlich zum Greifen nahe vor sich. Zu dieser Zeit aber hatte er bereits sechs Stunden unter seinem Tarnzelt auf dem Bauch gelegen.

Wäre er aber nicht schon bei Dunkelheit und vor dem Eintreffen der ersten Hähne schußbereit gewesen, die Kampfläufer hätten kaum ihr normales Balzverhalten gezeigt. Zu Beginn des Turniers reagieren sie nämlich noch empfindlich auf jede Störung, zumal dann, wenn sich die horizontale Silhouette ihrer Umgebung verändert. So durfte auch das Tarnzelt nur 60 cm hoch sein. Als Dittrich endlich wagte, sein Teleobjektiv durch die Öffnung im Reißverschluß zu schieben, war die Luft schon erfüllt vom Geflöte, Gesang und Geschrei der Rotschenkel, der Lerchen, Kiebitze und Uferschnepfen.

Gegen neun Uhr morgens ging das Turnier zu Ende. Zwei Weibchen landeten noch unverhofft auf dem Balzplatz und flogen mit ihren Auserwählten davon. Als die beiden Hähne Minuten später von der Hochzeit zurückkehrten, schlug der Rest der Mannschaft nur noch matt mit den Flügeln. Die ausgepumpten Kämpfer standen faul in der Sonne. Zu Rangeleien kam es nicht mehr. Es dauerte seine Zeit, bis sich die Hähne davonmachten, um das Alltagsgeschäft der Insekten- und Moluskensuche aufzunehmen.

So ehrgeizig die Kampfläufer bei der Balz sind, so demütig sie sich der „Damenwahl" stellen, so gleichgültig verhalten sie sich gegenüber den brütenden Weibchen und dem Schicksal des Nachwuchses. Die Hähne nehmen vielmehr auf dem Turnierfeld weitere Male ihre Chancen wahr, sooft sie noch zur Paarung aufgefordert werden. Manche haben Saison vom Frühjahr bis zum Hochsommer. Dann nämlich macht die Mauser der pompösen Selbstinszenierung der Hochzeiter ein Ende. Sie verlieren ihre Federkostüme und die rötlichgelben Papillen am Schnabelgrund und werden so schlicht wie die Weibchen.

In den Arenen wechseln auch die Mannschaften. So balzen in Norddeutschland zwischen fünf und fünfzehn Hähne auf einem Platz. In Holland haben Beobachter bis zu 24 und in der Sowjetunion gar bis zu 50

Gegenüber dem Hahn mit seiner prächtigen Halskrause ist das Kampfläufer-Weibchen (rechts) eine eher schlichte Erscheinung und hat ein graubraun gesprenkeltes Tarnkleid.
Foto: Klaus Wernicke

Hähne gezählt. Daß sich Balz- und Zugzeiten überschneiden, ist der Grund für den unterschiedlichen Besuch der Balzplätze. Im Naturschutzgebiet Hullen an der Unterelbe sind im Monat April etwa 80 ortstreue Hähne gezählt worden. In diesem Gebiet sind aber auch schon 100 ziehende Kampfläufer gesehen worden. Sie fliegen meist weiter nach Skandinavien.

Während das Turnier der prächtigen Ritter andauert, machen sich die begatteten Weibchen im Gelände unsichtbar. Ihre Nestmulde „drehen" sie so geschickt in ein dickes Grasbüschel, daß sich die Halme darüber schließen. Die Tarnung ist – beinahe – perfekt. Im Naturschutzgebiet Hullen vermutet man etwa 80 brütende Weibchen, doch mehr als drei Nester im Jahr sind nie entdeckt worden, und zwar meist dann, wenn eine Henne unmittelbar vor den Füßen eines Ornithologen aus dem Nest hochschreckte und sich in letzter Sekunde, geduckt, davonmachen wollte.

Manche Weibchen vertrauten indessen so blind auf ihre Tarnung, daß sie von weidenden Kühen zertreten wurden.

Auch die Jungen leben gefährlich. Kaum sind sie nach 21 Tagen Brutzeit aus den Eiern geschlüpft und von der Henne „trockengelegt", führt sie die Henne schon zum ersten Lehrgang in die Umgebung. Nicht nur Möwen, Katzen und andere Räuber können ihnen unterwegs gefährlich werden. Auf den Feuchtwiesen in der Umgebung des Naturschutzgebietes Hullen endet mancher Jungvogel-Ausgang auf der Straße am Deichfuß, wo die Tiere leicht unter die Räder geraten.

Früher kam als tödliches Hindernis dort noch der Kantstein hinzu, der die Straße einfaßt. Auf Initiative niedersächsischer Naturschützer aber wurde dann alle zehn Meter ein Stein abgesenkt, so daß die Tiere ihren Weg in die Nahrungsgründe fortsetzen konnten. Die Aktion kostete das Land 45 000 D-Mark. Das ist freilich nur ein Trostpflaster auf dem blauen Auge der Naturschützer.

Damit sind wir bei den Leuten, die sich um das Überleben der Kampfläufer zu Recht Sorgen machen. Ohne die Natur- und Umweltschutzverbände wäre es um die Vögel schon jetzt sehr schlecht bestellt. In Mitteleuropa brüten nur noch etwa 4000 Paare, davon 3000 in den Niederlanden. Als man vor 25 Jahren in Holland eine erste Bestandsaufnahme versuchte, wurden noch 6000 Tiere gezählt. In der Bundesrepublik macht die schmal gewordene Schar heute nur noch knapp 300 Paare aus. Ein größeres Brutvorkommen wird vom Verein Jordsand in den Naturschutzgebieten Hauke-Haien-Koog und Rantum-Becken auf der Insel Sylt betreut. Einige der 160 bis 180 Kampfläufer im Landkreis Stade, deren Balzgebiet der Naturschutzwart Helmut Krete betreut, aber kämpfen schon auf verlorenem Posten. Denn die niedersächsische Regierung hat entschieden, daß mit dem Asseler Sand dort so kein Staat zu machen ist. Inzwischen ist er größtenteils eingedeicht und wurde als Industriegebiet ausgewiesen. So wurde ein weiteres Rückzugsgebiet der Natur, das in der Ramsar-Konvention als international bedeutendes Feuchtgebiet enthalten ist, wirtschaftlichen Interessen geopfert. Nur außendeichs blieben dank des Einspruchs der Natur- und Umweltschützer 200 Hektar vor dem Zugriff bewahrt. Nach dem Willen der Politiker, die im Dienst für die „große Linie" oft die kleinen Lebensräume zerstören, weil sie nicht einsehen, daß Politik für die Natur auch Politik für den Menschen sein kann, hätte auch hier noch mehr Industriegelände erschlossen werden sollen.

Für die Kampfläufer ist freilich wenig gewonnen. Auf dem Vordeichgelände werden keine Kühe mehr weiden. Der Bewuchs wird zu hoch werden und das neue Biotop den Ansprüchen der Vögel kaum mehr genügen. Was immer die Trockenlegung von Feuchtgebieten an Vorteilen bringen mag, der Mensch bringt sich gewiß um die artenreichste Fauna und Flora seiner Umwelt. Tiere und Pflanzen, von denen wir die meisten nur noch dem Namen nach kennen, verlieren ihre letzten Zufluchtsorte.

Karlheinz Baumann

Nicht Fisch, nicht Fleisch – Pilze

Die vielen Zuschauerreaktionen auf diesen Naturfilm, der im August 1985 ausgestrahlt wurde, waren mit einer einzigen Ausnahme sehr positiv: Dieser wohl einzige enttäuschte Zuschauer hatte unter dem wohlklingenden Titel Kochrezepte von Pilzen erwartet.

Viele Geschichten und Legenden ranken sich um das geheimnisvolle Wesen Pilz. Deshalb soll zu Beginn dieses Berichts zunächst auf die Entwicklung dieser oft so sonderbaren Geschöpfe eingegangen werden.

Gewöhnlich werden Pilze zu den Pflanzen gerechnet, da sie wie diese festgewachsen sind. Jedoch fehlt ihnen das den Pflanzen eigene Chlorophyll, jenes geheimnisvolle Labor, mit dessen Hilfe sich die grünen Pflanzen ihre Nährstoffe selbst herstellen. Die Pilze sind also auf bereits vorhandene Nährstoffe angewiesen.

Was allgemein als Pilz bezeichnet wird, ist lediglich der Fruchtkörper. Er wächst über der Erde und hat die wichtige Aufgabe, die für die Fortpflanzung notwendigen Sporen zu erzeugen. Die eigentliche Pilzpflanze ist ein weitverzweigtes, spinnfadenfeines Gewebe, das gerne in der oberen lockeren Humusschicht, zwischen vermoderndem Laub, in feuchten Moospolstern oder unter der Rinde von abgestorbenen Bäumen zu finden ist. In der Fachsprache wird dieses verdeckte Gespinst *Mycel* genannt.

Manchmal sind es nur einige wenige, fein verzweigte Pilzfäden, die ein solches Pilzmycel bilden, doch häufiger ist es ein großer Verbund von Pilzhyphen (Pilzfäden), der mit einem dichten Netz den Boden durchzieht.

Bei günstigem Witterungsverlauf, wenn das Mycel kräftig gewachsen ist, bildet es an verschiedenen Strängen Verdickungen. Das ist die Vorstufe zur Fruchtkörperbildung. Bildlich gesprochen, könnte man das Wachstum dieser Knöllchen mit dem Erblühen höherer Pflanzen vergleichen.

Aus diesen Verdickungen, den *Primordien*, entwickelt sich dann der vollständige Pilz. Das anfänglich formlose Gebilde nimmt mit zunehmendem Wachstum die Form des Fruchtkörpers an.

Die Entwicklungszeit wird in erster Linie von Temperatur und Feuchtigkeit beeinflußt, sie hängt jedoch auch von der jeweiligen Pilzart ab.

Wenn der Witterungsverlauf ungünstig ist, können diese Primordien im Ruhezustand wochenlang ausharren, um beim Einsetzen von „Pilzwetter" weiterzuwachsen.

Am voll entwickelten Fruchtkörper ist die Fruchtschicht zu sehen, jener Teil des Pilzes, in dem die Sporen erzeugt werden. Ihr Aussehen ist je nach Pilzgruppe sehr unterschiedlich. So hat die große Gruppe der Blätterpilze, zu denen so bekannte Arten wie Fliegenpilze, Knollenblätterpilze oder Champignons gehören, eine Lamellenschicht zur Sporenerzeugung. Hingegen besitzen Röhrlinge wie der Steinpilz und seine Verwandten als Fruchtschicht viele kleine Röhren, die das Aussehen eines Schwamms haben. Daher rührt wohl der volkstümliche Name „Schwammerl" für Pilze. Weiter gibt es auch noch Pilze, deren Sporen an Leisten, an Stacheln, in Poren oder im schmierigen Überzug, *Gleba* genannt, ausreifen.

Die Sporenproduktion einzelner Pilze erreicht kaum vorstellbare Zahlen. Ein reifer Champignon erzeugt ungefähr 1 800 000 000 Sporen. Dabei schleudert er pro Stunde bis zu 40 000 000 Sporen vom Hut ab.

Diese Sporen lassen sich durch ein Sporenbild sichtbar machen. Dazu schneidet man den Pilzhut eines frisch geöffneten Pilzes vorsichtig vom Stiel ab und legt ihn auf ein flaches, helles Papier. Nach einigen Stunden hebt man den Hut vorsichtig vom Papier hoch. Die aus den Lamellen geschleuderten dunklen Sporen bilden nun einen Sporenbelag, der einem Rad ähnelt, denn dort, wo die Lamellen am Papier auflagen, konnten sich keine Sporen ablagern. Will man dieses Experiment mit dem Fliegenpilz machen, sollte man dazu schwarzes Papier verwenden, da dieser Pilz weiße Sporen erzeugt.

Bei den Bauchpilzen, zu denen Boviste, Stäublinge und Erdsterne gehören, werden die Sporen im geschlossenen Fruchtkörper erzeugt. Bei ausgereiften Exemplaren kann man durch Druck eine ganze Sporenwolke aus dem aufgeplatzten Pilz blasen. Der Riesenbovist, dessen Fruchtkörper bis zu 50 cm Durchmesser erreichen kann, erzeugt wohl die meisten Sporen. Die Anzahl der in einer solchen Riesenkugel produzierten Sporen wird mit 1 500 000 000 000 000 (1500 Billionen) beziffert.

Die von den Pilzen erzeugten Sporen erfüllen die gleiche Funktion wie die Samen bei höheren Pflanzen. Sie sorgen durch ihre Verbreitung für die Entstehung einer neuen Pilzgeneration. Doch diese Sporen können nicht überall zum Auskeimen kommen. Die einzelnen Arten haben oft ganz spezielle Lebensräume und müssen sich dort ansiedeln, wo es die für sie verwertbaren Nahrungsstoffe gibt.

Aufgrund der unterschiedlichen Ernährungsweise kann man die Pilze in drei Gruppen einteilen.

Die erste Gruppe sind die sogenannten Saprophyten. Das sind jene Pilze, die sich von abgestorbener organischer Substanz ernähren. Man findet solche Arten auf verrottetem Stroh, auf Nadelstreu, zwischen vermodertem Laub oder am Boden, wenn er ausreichend Nährstoffe bietet, wie abgestorbenes Gras oder ähnliches. Zu ihnen gehört auch das große Heer von Pilzen, die im Wald Äste, Baumstümpfe oder einen vom Sturm gefällten Baum besiedeln. Manchmal sind es nur kleine, einzeln stehende Fruchtkörperchen, doch oft überziehen ganze Kolonien von Pilzen diese Hölzer. Es sind regelrechte kleine chemische Fabriken, die mit Hilfe der von ihnen produzierten chemischen Substanzen das Holz abbauen, um es zum eigenen Aufbau zu nützen. Diese Pilze bilden so natürliche Recyclinganlagen der Natur.

Die zweite Gruppe bilden die parasitischen Pilze. Sie beziehen ihre Nährstoffe von lebender organischer Materie. Zu ihnen werden alle Arten gezählt, die an lebenden Bäumen wachsen, aber auch diejenigen Arten, die als Parasiten auf anderen Pilzen wachsen, wie zum Beispiel der Schmarotzerröhrling, der auf dem Kartoffelbovist wächst, oder die Zungenkeulen, die auf den Hirschtrüffeln wachsen.

Die dritte Gruppe umfaßt die Mykorrhizapilze. Ihr Name *Mykorrhiza* bezeichnet die Symbiose, die diese Pilze mit Bäumen und Sträuchern bilden. Der Pilz umwächst dabei die feinen Saugwurzeln von Bäumen und dringt in diese ein. Mit seinen chemischen Möglichkeiten werden aus dem Boden Mineralstoffe aufgeschlossen und dem Baum über den Wurzelbereich zugeführt. Als Gegenleistung erhält der Pilz Nährstoffe (Assimilate), die der Baum in seinem grünen Blätterbereich produziert hat.

In dieser Gruppe findet man die meisten der von uns so geschätzten Speisepilze wie Pfifferlinge, Rotkappen, Maronenröhrlinge, Birkenpilze oder Täublinge, aber auch so gefürchtete Giftpilze wie den Grünen Knollenblätterpilz oder den Pantherpilz. Diese Gruppe zeigt, wie eng oft verschiedene Lebewesen durch Symbiosen miteinander verflochten sind.

Durch die zunehmende Umweltverschmutzung werden aber auch diese Lebensgemeinschaften geschädigt und in ihrem Bestand bedroht. Bäume und Pilze sind als Symbionten damit gleichermaßen von Schaden betroffen, wobei manchmal zuerst die Bäume und in anderen Fällen zuerst die Pilze durch die Umweltverschmutzung erheblich geschädigt werden.

In Österreich wird erfolgreiche Mykorrhizaforschung auch in der Praxis angewandt. Bei Neuanpflanzungen werden in den Hochlagen der Alpen nur noch junge Zirbelkiefern oder Lärchen angepflanzt, die in den Pflanzschulen während der Aufzucht mit ihrem Mykorrhizapilz eine Symbiose eingegangen sind. Vergleiche zeigen, daß solchen Bäumen auch in extremen Hochlagen ein sicheres Wachstum garantiert ist, während Pflanzen ohne diese Mykorrhiza nur ein Kümmerwachstum aufweisen.

Es gibt Pilze, die diese Symbiose mit den verschiedensten Waldbäumen eingehen. Viele Pilzarten aber bilden nur mit ganz bestimmten Baumarten diese Symbiose. Weiß man von solchen Wechselbeziehungen, wird man nie im Laubwald nach Goldröhrlingen suchen, denn dieser Pilz vergesellschaftet sich nur mit der Lärche. Der Butterpilz macht dies mit der Kiefer, und der Birkenröhrling lebt, wie es der Name sagt, mit der Birke in Gemeinschaft. Oft haben verschiedene Pilze die gleichen Bäume zum Partner, wie z. B. der Steinpilz und der Fliegenpilz. Dies erklärt auch die Pilzsammlerweisheit, daß man an Standorten von Fliegenpilzen auch Steinpilze finden kann.

Die Diskussion über das Für und Wider des Pilzsammelns flammt seit dem spürbaren Rückgang der Pilze, dem unübersehbaren Waldsterben, dem Erkennen von Schwermetallrückständen in Pilzen und nicht zuletzt seit dem Tschernobylschock immer wieder auf und wird sicher auch weiterhin ein wichtiges Thema bleiben.

Eine große Zahl von Pilzarten wurde 1987 unter Schutz gestellt, das heißt, daß diese Pilzarten auch nicht mehr gesammelt werden dürfen. Das Sammelverbot für einzelne Arten kann das breitgefächerte Problem des Rückgangs aber sicher nicht lösen.

Wer weiterhin Pilze sammeln möchte, wird auch unter den nicht geschützten Arten so viele finden, daß das Sonntagsgericht während der Pilzzeit damit verfeinert werden kann. Waldpilze sollten aus verschiede-

---

➢
Fliegenpilzgruppe, eine Pracht für das Auge.

nen Gründen ohnehin nicht häufig in größeren Mengen verzehrt werden. Als Alternative zum Sammeln der Pilze im Wald kann sich der Feinschmecker, der regelmäßig Pilze auf seinem Speisezettel haben möchte, auch den Hobbypilzzüchtern anschließen, wodurch er außerdem noch rückstandsfreie Pilze ernten kann.

Früher war es vor allem der Champignon, der gezüchtet wurde, heute aber kann man weitere Arten problemlos züchten. So kann man beispielsweise den Kultur- oder Riesenträuschling ohne großen Aufwand im Garten kultivieren oder durch Beimpfen von Holzstämmen das Stockschwämmchen, einen sehr guten Speisepilz, züchten. Der Austernseitling, im Handel auch als Kalbfleischpilz angeboten, kann sowohl an Holz als auch auf gepreßten Strohballen gezogen werden. Als eine besondere Delikatesse wird der aus dem Fernen Osten stammende und bei uns ebenfalls auf Holz gezüchtete Shiitakepilz gepriesen.

Was viele Menschen vom Verzehr von Pilzen abhält, ist die Existenz von sogenannten Giftpilzen. Eine Gefahr, die sicher nicht hoch genug eingeschätzt werden kann, denn obwohl in fast allen neueren Pilzbüchern darauf hingewiesen wird, kann nicht oft genug gesagt werden, daß es keine allgemeingültigen Regeln für das Erkennen von Giftpilzen gibt. Alte Volksweisheiten, wie die Verwendung eines Silberlöffels oder einer Zwiebel beim Garkochen, das Verfärben des Pilzfleisches beim Durchschneiden oder gar das Märchen vom Tier- oder Schneckenfraß, um Giftpilze zu erkennen, sind unbrauchbare, ja todbringende Überlieferungen, die sich hartnäckig halten.

Selbst durch Laboruntersuchungen läßt sich nicht sofort feststellen, ob ein Pilz für den Menschen giftig ist oder nicht, denn es gibt noch viele Stoffe und Verbindungen, die bisher nicht bekannt sind und die wir deshalb bei Untersuchungen auch nicht feststellen können.

Im Jahr 1952 kam man in Polen einem Giftpilz auf die Spur, der bis dahin als unbedenklich galt. Eine Welle von 135 Vergiftungen, von denen 19 tödlich verliefen, entlarvte den Orangefuchsigen Hautkopf *(Cortinarius orellanus)* als gefährlichen, heimtückischen Giftpilz. Die in diesem Pilz festgestellten toxischen Stoffe bewirken eine Vergiftung der Nieren, die bis zum vollständigen Versagen der Nieren führen kann. Da dieses Gift recht langsam wirkt, kann eine Erkrankung oft erst nach Tagen oder nach Wochen auftreten. Es ist durchaus denkbar, daß schon in früheren Jahren Menschen durch diesen Pilz zu Schaden kamen, ohne daß der Verdacht auf das Pilzgericht fiel, das vor Wochen eingenommen wurde.

Sporenbild vom Hallimasch. Die aus dem danebenliegenden Hut gefallenen weißen Sporen bilden auf dem schwarzen Papier das Sporenbild des Hallimasch.

In zwei weiteren Pilzarten, die ähnliche orangefarbene Lamellen wie der Orangefuchsige Hautkopf aufweisen, sind diese Giftstoffe inzwischen in geringer Menge nachgewiesen worden.

Vom hübschen Fliegenpilz droht allgemein keine Gefahr mehr, da auf seine Giftigkeit schon in vielen Kinderbüchern hingewiesen wird.

Gefahr erkannt – Gefahr gebannt!

Es gibt jedoch auch Pilze, die nur schwache toxische Verbindungen enthalten, wie zum Beispiel der Karbolchampignon oder der Nebelgraue Trichterling. Solche Pilze können von manchen Menschen bedenkenlos verspeist werden, während sie anderen überhaupt nicht gut bekommen. Dann gibt es Giftpilze wie den Hallimasch, die ihre Giftigkeit durch Abkochen und Wegschütten des Kochwassers verlieren, und Pilze, die zusammen mit dem Genuß von Alkohol erst Giftverbindungen erzeugen.

Neben diesen relativ harmlosen Giftpilzen gibt es bekanntlich auch Pilzarten, deren Verzehr tödlich ist. An oberster Stelle steht hier der Grüne

Weiße Form des Grünen Knollenblätterpilzes. Beide Fruchtkörper sind von Schnecken angefressen.

Knollenblätterpilz *(Amanita phalloides)*. Es muß selbst vor dem Anfassen gewarnt werden, denn schon ein kleines abgebrochenes Stückchen kann zu einer schweren Vergiftung führen. Die Erkennungsmerkmale dieses gefährlichen Giftpilzes sind die Stielknolle, die in einer Scheide steckt, die jedoch oft von Laub und Moos bedeckt ist und erst beim genaueren Untersuchen sichtbar wird. Der ihr entwachsene Stiel ist meist deutlich genattert. Die Hutfarbe ist nicht nur grün, wie der Name besagt, sondern reicht von einem Schmutzigoliv über Hellgrün bis zu Reinweiß. Gerade diese reinweißen Exemplare sehen dem Dünnstieligen Anis-Champignon verblüffend ähnlich. Unterscheiden kann man sie jedoch an den Lamellen, die beim Knollenblätterpilz in allen Altersstufen reinweiß sind.

Der Grüne Knollenblätterpilz ist ein Begleiter von Eichen, mit denen er die bereits beschriebene Mykorrhiza bildet. Ganz vereinzelt wird auch von Vorkommen unter Buchen und Fichten berichtet. Eine Rarität ist er nicht, denn 20 Exemplare unter einer einzigen Eiche sind keine Seltenheit.

Man sollte es jedoch unterlassen, diese auch noch so giftigen Pilze umzustoßen oder zu zertreten, denn sie stützen mit Sicherheit den mit ihnen verbundenen Waldbaum.

Wenngleich der Pilzsammler unterscheidet zwischen eßbaren, giftigen und wertlosen Pilzarten, so gibt es doch von Natur aus keine schlechten, unechten oder gar wertlosen Pilze. Sie sind ein lebensnotwendiger Bestandteil für einen funktionsfähigen Kreislauf der Natur.

Curt Cappel

Der Waschbär

Vor mehr als 50 Jahren hatte das Preußische Jagdamt in Berlin die Erlaubnis erteilt, in Asel am Edersee zwei Waschbärpärchen auszusetzen. Bedingung war damals, daß diese Tiere auf kleinstem Raum gehalten wurden und daß ihr Verhalten in einem deutschen Mittelgebirgsrevier genauestens kontrolliert werden sollte. Was ist daraus geworden?

Die vier Waschbären von damals haben sich inzwischen so vermehrt, daß sie heute in ganz Westdeutschland vorkommen. Mit einer Einbürgerung einer neuen Tierart hatte man nicht gerechnet, und diese war auch nicht beabsichtigt. Wie viele Waschbären es heute in Westdeutschland tatsächlich gibt, weiß man wegen der nächtlichen Lebensweise dieser Tiere nicht genau. Nach realistischen Schätzungen dürften es zwischen 60 000 und 80 000 Exemplare sein.

Die einst im Regierungsbezirk Kassel unter Schutz gestellten Waschbären sind heute in ganz Westdeutschland zu jagdbaren Tieren erklärt worden. 1974 wurden allein in Hessen 2400 Exemplare erlegt. Das war die höchste Jahresstrecke, die bisher zu verzeichnen war. Seither wurden die Abschüsse laufend verringert. Offenbar hat sich die Population dieser Tiere nach einer anfangs explosionsartigen Verbreitung auf einen biologisch tragbaren Bestand eingespielt.

Der Waschbär gehört zur Familie der Kleinbären, die bei uns in Europa ursprünglich mit keiner Art vertreten war. Der Waschbär ist etwa fuchsgroß, aber viel gedrungener und plumper als der Fuchs. Seine Beine sind kurz, der Schwanz ist buschig, die Schnauze spitz. Die Farbe seines dichten Pelzes ist grau bis braun. Das markanteste an ihm aber ist seine schwarzweiße Gesichtsmaske.

Es wird immer wieder behauptet, daß der Waschbär sehr empfindliche Schäden in den Revieren anrichtet. Das trifft jedoch nicht zu, denn er ist mehr ein sogenannter Stöberer und weniger ein aktiver Jäger. Seinen reichhaltigen Nahrungsbedarf deckt er vor allem mit wirbellosen Tieren. Er frißt aber auch Beeren, Eicheln, Bucheckern und im Herbst ganz besonders gerne reifes Obst. Flinke Tiere wie Fische, Frösche und Mäuse erbeutet er nur, wenn die Gelegenheit dafür günstig ist. Er verschmäht aber auch keine Gelege mit Nestjungen von bodenbrütenden Vögeln.

Der Waschbär ist ein Einzelgänger und lebt nur in der Paarungszeit zwischen Dezember und März in Gemeinschaft mit einem Partner. Nach einer Tragzeit von etwa zehn Wochen werden die Jungen in einer geschützten Baum- oder Erdhöhle geboren. Die Wurfgröße liegt bei vier bis sechs, nicht selten sogar bei acht Tieren. Anfangs sind die Jungen wie alle jungen Säugetiere noch nackt und blind. Sie öffnen die Augen erst ab der zweiten Lebenswoche.

Im Alter von sechs Monaten sind sie selbständig, verbleiben aber noch bis zum nachfolgenden Frühjahr bei der Mutter. Wie die Dachse ziehen sich auch die Waschbären im Winter zur Ruhe zurück. Sie halten aber keinen festen Winterschlaf und zeigen sich gelegentlich auch im frostigen Winterwald.

Neben dem Menschen und einem immer dichter werdenden Straßennetz sind es wildernde Hunde, Dachse und Füchse, die ihnen gefährlich werden können. Die jungen Waschbären müssen sich ganz besonders vor den Mardern fürchten.

Dank ihrer großen Anpassungsfähigkeit erschließen sich die Waschbären immer neue Lebensräume. Selbst die zunehmende Zersiedlung kann sie nicht verdrängen. Sogar in Parkanlagen und in Industriegebieten sind sie zu finden, wenn nur größere Baumbestände in der Nähe sind.

Ein Jahr vor den eigentlichen Dreharbeiten über den Waschbären begannen wir mit den Vorbereitungen. Wir hatten es uns in den Kopf gesetzt, diesen Film möglichst in der freien Natur zu drehen. Eine hochempfindliche Videokamera sollte uns die nächtlichen Verhaltensweisen der „Heimlichtuer“ sichtbar machen.

Unsere „Waschbärgeschichte“ begann, als mein Mitarbeiter eine Fähe (Weibchen) in einer Kastenfalle fangen konnte. Vorerst fand sie für wenige Tage ein Zuhause im Hundezwinger, um dann, mit einem Minisender versehen, freigelassen zu werden. Mit Hilfe ständiger Peilungen wollten wir der Fähe auf nächtlichen Pfaden folgen. Doch das war nicht so einfach, denn obwohl wir ständig den Standort ausmachen konnten, kamen wir aber nie auf Sichtweite an das Tier heran. Mit unseren Videogeräten waren wir einfach zu unbeweglich – und zu laut. Selbst dann, wenn wir die Tagesschlafplätze ausfindig gemacht hatten, gelang es der Fähe immer wieder, im Dunkel der Nacht ungesehen das Versteck zu verlassen.

Im März 1986 änderte sich die Situation dann schlagartig. Unsere Peilungen konzentrierten sich auf eine alte, verwitterte Buche, die wie eine gewaltige Festung inmitten eines unwegsamen Mischwaldes stand. Es war ein günstiges Plätzchen für die „Kinderstube", denn diese Buche war teilweise durchhöhlt und hatte zahllose Schlupflöcher.

In den ersten Nächten arbeiteten wir mit einer automatischen Videoanlage und nutzten für die Aufzeichnungen VHS, weil uns hier die Bandlänge von maximal vier Stunden sehr entgegenkam. Die Kamera war anfangs unbeweglich, also mit starrem Blick auf jene Baumhöhle gerichtet, die die meisten Nagelzeichen aufwies. Den Strom für die Technik bezogen wir von einem kleinen Gehöft, das fast 700 Meter entfernt lag. So konnten wir in den Abendstunden den Strom einschalten, um dann anschließend die Technik für uns arbeiten zu lassen. Viele Nächte lang arbeiteten Videorecorder und Kamera erfolglos. Doch in der Nacht zum 7. April zeigten sich die ersten Nasenspitzen am Höhleneingang. Im weiteren Verlauf der Zeit wurden wir mutiger und errichteten, kaum 50

Das markanteste Merkmal beim Waschbär ist seine schwarzweiße Gesichtsmaske.

Der Waschbär ist etwa fuchsgroß, aber viel gedrungener und plumper als der Fuchs.

Meter von der alten Buche entfernt, einen Ansitz. Von hier aus konnten wir den Baum überwachen und erhofften so weitere interessante Szenen.

So gelangen uns nächtliche Beobachtungen von jungen Waschbären, die sich am Fuße der Buche tummelten. Die Fähe allerdings bekamen wir nie zu Gesicht. Um aber auch detaillierte Nahaufnahmen drehen zu können, besorgten wir uns aus einem Tierpark ein Jungtier, das bei meinem Mitarbeiter ein molliges Plätzchen in der Wohnstube fand. Es war ein Rüde, den wir Andy nannten. Er war vielleicht ganze vier Wochen alt und sollte als gezähmtes Tier Verhaltensweisen zeigen, die wir in der freien Wildbahn nicht sichtbar machen konnten. Mit Andy gelang uns das.

Viele Wochen später hatten wir mit Andy noch ein „lustiges" Erlebnis, über das ich im folgenden gerne berichte.

Anläßlich der Sendung „Waschbären – Neubürger in unseren Wäldern" im 3sat-Programm waren Wichmann und ich zu Gast im Mainzer Studio. Mit dabei, Andy der Waschbär. Unser Abflug in Hannover bereitete allerdings Probleme, denn der Computer der Lufthansa-Maschine, über den für Passagiere die Bordkarten und für die Fracht die entsprechenden Unterlagen ausgestellt werden, konnte mit einem Waschbären nicht viel anfangen. Andy, der gut verpackt in einer molligen Kiste auf seinen ersten Flug im Leben wartete, durfte nicht mitreisen. Hätten wir an jenem Morgen Andy einschließlich Kiste einfach als Hund, Katze oder Wellensittich deklariert, wären uns sicher einige Aufregungen erspart geblieben.

Die Angestellten der Lufthansa hatten aber viel Geduld und fütterten schließlich auf unsere Anweisung den Computer mit der wissenschaftlichen Bezeichnung des Waschbären, aber die Elektronik konnte auch mit Latein nicht viel anfangen und verweigerte weiterhin ihre Zustimmung. „Einfach das Tier auf den Arm nehmen, eine Mütze auf den Kopf und ab die Post", meinte ein ungeduldiger Fluggast und schaute dabei auf die Uhr.

Genau acht Minuten vor dem Abflug geschah dann ein „wahres Wunder". Irgend jemand kam auf die Idee, den Computer mit dem Wort „Zirkustier" zu füttern. Das Wort wurde eingegeben, und wir alle beobachteten, wie die Elektronik, die wir an diesem Tag hätten verfluchen können, lange mit diesem Begriff arbeitete. „Jetzt fehlt nur noch, daß da richtiger Qualm aus der Kiste kommt", meinte ein Fluggast im Rauch der Zigaretten, die er vor Ungeduld paffte, und ich rechnete fest damit, daß Andy in der Kiste bald wie ein Terrorist behandelt würde.

Dann aber geschah das „wahre Wunder", und der Computer spuckte tatsächlich die langersehnte Flugerlaubnis aus! So einfach war das also: Für den hochentwickelten Computer aus Meisterhand war Andy kein Waschbär, kein Kleinbär, auch kein kleiner Waschbär, sondern – ein Zirkustier . . .

Werner Fend

Mit Tigern fing es an

Ich war etwa sechs Jahre alt, als mein Vater eines Tages einen dicken Katalog mit nach Hause brachte, in dem viele hundert Tier- und Jagdszenen aus aller Welt abgebildet waren, die man bei irgendeinem Verlag als große Farbdrucke bestellen konnte.

Ich weiß heute nicht mehr, wie oft ich diesen Katalog durchgeblättert habe. Aber ich weiß sehr genau, daß auf der vorletzten Seite in der rechten unteren Ecke eine indische Jagdszene abgebildet war, die mich mehr fasziniert hat als die anderen Bilder zusammen.

Sogar heute noch sehe ich jede Einzelheit dieser Darstellung vor mir. Ich sehe den aufgeregten, stoßzahnbewehrten Jagdelefanten mit hoch erhobenem Rüssel. Ich sehe den Jäger mit Tropenhelm in einer Art Holzkiste stehen, die auf dem Rücken des Elefanten festgezurrt war. Ich sehe das Gewehr im Anschlag und das kleine Rauchwölkchen am Ende des Gewehrlaufes. Und vor allem sehe ich den Tiger am Kopf des Elefanten hängen.

Auch die vor Angst weit aufgerissenen Augen des Mahaut habe ich nie vergessen, der schutzlos seine Arme hochgerissen und seinen Rücken gegen das Holzgestell gepreßt hatte, keinen halben Meter vor der rechten Pranke und dem aufgerissenen Rachen des Raubtieres entfernt.

Warum mich gerade dieses Bild in dem Katalog mit einer Menge anderer dramatischer Jagddarstellungen aus Afrika mit Elefanten, Nashörnern oder Nilpferden so fasziniert hat, weiß ich nicht. Sogar Bilder aus dem hohen Norden mit Eisbären, Seelöwen und Walen waren zu bestaunen, die ich mir wohl ansah, die mich aber überhaupt nicht faszinierten.

Die vorletzte Seite dieses Katalogs und die Abbildung dieser Tigerjagd zeigten dann auch bald die Spuren meines Interesses – sie war innerhalb einiger Monate so verschmutzt und abgegriffen, daß die Details des Dschungeldramas kaum mehr zu erkennen waren. So unwahrscheinlich es auch klingen mag, 28 Jahre später war ich in genau derselben dramatischen Situation, die mich als Sechsjähriger so beeindruckt hatte.

Allerdings gab es einige Unterschiede. Ich trug weder den aus der Kolonialzeit stammenden, inzwischen aber verpönten Tropenhelm, noch hatte ich eine schützende Holzkonstruktion auf dem Rücken des Elefanten. Außerdem war mein Jagdelefant eine recht unerfahrene junge Elefantenkuh, die der Situation leider nicht gewachsen war, und ihre Reaktion im Augenblick der Gefahr hat mich und meinen Begleitern damals fast Kopf und Kragen gekostet. – Aus der Bildunterschrift im Katalog war übrigens nicht zu entnehmen, welchen Ausgang diese Tigerjagd schließlich genommen hatte.

An mein Erlebnis fast drei Jahrzehnte später erinnere ich mich auch heute noch, als wäre es erst gestern gewesen, und jahrelang hat mich meine Tigerjagd von Kauria bis in den Traum verfolgt.

Vermutlich war es doch dieses besonders phantasieanregende Bild aus dem Jagdkatalog, das mich jahrzehntelang zu den Tigern nach Indien getrieben hat. Es war aber sicher auch jene hartnäckige Regelmäßigkeit von Zufällen in meinem Leben, die dazu geführt hat, daß ich schließlich diese faszinierenden Raubtiere jahrelang mit Großwildbüchse, Narkosegewehr und der Falle im Auftrag der indischen Forstbehörde gejagt habe, allerdings nur jene Tiger, die als Menschenfresser oder Viehräuber unschädlich gemacht werden mußten. So eine Jagd war auch die von Kauria, bei der ich übrigens zum ersten- und auch zum letztenmal vom Rücken eines Elefanten gejagt habe.

Erst glaubte ich, es könnte vielleicht eine meiner sichersten Jagden werden, denn bis dahin war ich immer nur zu Fuß hinter Tigern her gewesen. Es wurde aber meine gefährlichste Jagd, und gerade deshalb möchte ich sie kurz schildern:

Ich kampierte damals in Kauria, einem kleinen Dörfchen mit etwa zehn Strohhütten im Distrikt Palia, der wie ein langes, schmales Band einen Teil der indisch-nepalesischen Grenze bildet. Die Gegend ist flach, ein einziges großes Schilfland, das mit kleinen Dschungelflecken übersät ist und mich an ein Meer mit vielen Inselchen erinnerte.

Ich war Gast bei Mr. Thakur, den ich während einer früheren Jagd kennengelernt hatte. Er besaß viel Ackerland südlich von Kauria, jenseits des Flusses Sarda, und war ein wohlhabender Mann, lebte aber denkbar einfach. Damals hatte er noch seine Elefantenkuh Rani besessen, die sein ganzer Stolz war, denn er hatte sie in jahrelanger Arbeit zu einem erstklas-

Werner Fend im indischen Dschungel.

sigen Jagdelefanten ausgebildet. Von Rani wurde erzählt, daß sie angeschossene, angreifende Tiger wie Fußbälle behandelte und mehr als einmal zwei bis drei Zentner schwere Tiger mit ihrem Rüssel in die Luft geschleudert habe. Bei einem Tigerangriff wich sie keinen Zentimeter zurück, sondern stand während der entscheidenden Augenblicke wie ein Fels da und gab dem Jäger durch ihre Ruhe immer die Möglichkeit, einen sicheren Schuß zu verabreichen. Ranis Ruf war so groß, daß auch der Maharadscha von Kotah von ihr gehört hatte und so lange auf Thakur einredete, bis er sie ihm für eine große Summe überließ.

Thakur traf ich erst auf dieser Jagd wieder. Rani stand längst in den Stallungen des Maharadschas, Hunderte von Kilometern entfernt. Wie sehr wir sie gebraucht hätten, sahen wir nach dieser Jagd ein. An Ranis Stelle war nämlich eine junge Elefantenkuh getreten, deren Unerfahrenheit uns in große Schwierigkeit gebracht hatte. Daß ich nach Kauria gekommen war, hatte einen bestimmten Grund:

Der Viehbestand des Distrikts wurde durch viele Tiger täglich reduziert. Es gibt aber kaum ein anderes Gebiet in Indien, in dem fast jeder Tiger ein Viehräuber ist; in Palia ist es so. Diese Situation haben die Siedler selbst herbeigeführt, nachdem sie durch hemmungslose Abschüsse von Hirschen, Rehen und Antilopen den Tigern ihre natürliche und rechtmäßige Nahrung weggenommen hatten.

Es gelang uns vorerst nicht, ein frisch gerissenes Tier zu finden. Immer wieder ritten wir hinaus ins dichte Schilfmeer, das stellenweise fast doppelte Elefantenhöhe erreichte. Wenn ich den Boden genauer untersuchen wollte und der Elefant sich niederkniete, um meinen Sprung aus dem Sattel zu erleichtern, wurde es förmlich dunkel um mich. Das Wild hatte sich regelrechte Tunnels geschaffen. Beim Durchkriechen zerschnitten mir die scharfen Blätter mehr als einmal Hände und Gesicht. Wenn die Trittsiegel von Tigern auftauchten, kam ich nicht so schnell aus den Tunnels zurück, denn es dauerte schon eine Weile, bis ich sie genauestens untersucht hatte.

Die 18 Jahre unseres Elefanten Gita konnte man nur schätzen, denn sie war erst vor einigen Monaten in den Dschungeln Südindiens eingefangen worden, und Thakur hatte sie für den Preis eines Mittelklassewagens ersteigert. Gleich nach ihrem Einfangen wurde ihr „Wille gebrochen", wie man das Zähmen der Elefanten bezeichnet. Die wilden Elefanten werden zwischen zwei starken Bäumen an Vorder-und Hinterfüßen angekettet. Nach tage- oder wochenlangen Fluchtversuchen geben sie schließlich erschöpft auf.

Sehr oft machte ich mir Gedanken, wie Gita sich verhalten würde, sollten wir unvermutet einem Tiger begegnen. Daß es keine perfekte Sache werden konnte, darüber war ich mir im klaren. Eines Nachmittags stürmte ein Hirte aufgeregt in unser Lager. Atemlos teilte er uns mit, daß der größte Tiger, den er je sah, etwa zwei Kilometer vor Kauria eine seiner Kühe gerissen hatte.

Gita wurde gesattelt. In der Eile machte unser Mahaut den Fehler, die Brustseile nicht fest genug anzuziehen. Wir ritten los. Vorn auf dem Nacken des Elefanten saß der Mahaut. Thakur hatte auf der linken Seite des Sitzes Platz genommen, rechts neben ihm saß ich. Keuchend rannte der Hirte vor Gita her, denn sie hatte es eilig. Wir hatten vielleicht die Hälfte des Weges zurückgelegt, als wir eine Dschungelinsel passierten, die nicht mehr als vierzig Meter Durchmesser hatte. Auf einem der Bäume hockten viele Geier. Ich befahl deshalb dem Mahaut, anzuhalten. Daß sich diese Geier allesamt denselben Baum nur als Ruheplatz ausgesucht hatten, wollte ich nicht glauben. Trotz des Protests unseres Hirten, seine Kühe wären noch einen weiteren Kilometer entfernt, lenkten wir Gita in den Dschungel. Wir hatten die „Insel" beinahe durchquert, als uns der Tiger brüllend angriff. Die Sicht war sehr schlecht, wir sahen so gut wie nichts. Gita drehte blitzschnell ab. Der Tiger setzte seinen Angriff nicht fort – zu unserem Glück. Mit zerkratzten Gesichtern erreichten wir das Grasland.

Gita hatte in ihrer Angst die Äste und Dornen in der Höhe der Reiter mit ihrem Rüssel nicht entfernt, was ihr zuvor mit viel Mühe beigebracht worden war. Von der entgegengesetzten Richtung näherten wir uns erneut dem Dschungel. Zehn Meter davor hielten wir an. Gita war unruhig und verlagerte ihr Gewicht von einer Seite auf die andere. Sie hatte natürlich längst mit ihrem gestreckten Rüssel festgestellt, daß der Tiger irgendwo vor uns im Dschungel lauerte; die Entfernung konnte nicht groß sein, denn Gita bekräftigte ihre Unruhe mit einigen schrillen Trompetenstößen. Auch die Stahlspitze in der Hand des Mahauts konnte sie nicht beruhigen. Wie in einem Boot auf stürmischer See schwankten wir von einer Seite zur anderen.

Dann sah ich plötzlich die Maske des Tigers zwischen den Blättern am Dschungelrand. Ich hob meine Winchester. Unter diesen Voraussetzungen dauerte es eine ganze Weile, bis ich glaubte, das Korn meines Gewehres zwischen den Augen des Tigers zu sehen. Der Schuß brach. Gita bäumte sich auf. Der Kopf des Tigers war verschwunden. Ich nahm an, daß ich getroffen hatte. Nach einigen Minuten trat Thakur in Aktion. Mit einer Schrotflinte feuerte er in die Büsche, um den eventuell angeschossenen Tiger herauszulocken, während ich mein Gewehr im Anschlag hielt. Nichts rührte sich. Ich hatte also doch gut getroffen! Weiter kam ich mit meinen Gedanken nicht. Plötzlich flog ein brüllender gelber Strich auf uns zu und landete auf dem Kopf von Gita. Diese Sekunden sind schwer zu beschreiben. Der Mahaut schnellte rücklings auf unseren Sitz zurück, um den Fängen des Tigers zu entgehen. Gita übertönte mit ihren schrillen Trompetenstößen das Gebrüll des Tigers und drehte sich so ruckartig, daß der Sattel nach der anderen Seite abrutschte. „Ich falle!" konnte ich noch rufen. Thakur und der Mahaut hatten meinen linken Arm erfaßt. Mit meiner rechten Hand stieß ich das Gewehr dem Tiger in die Lende und drückte ab. Wieder brüllte er auf, dann fiel er zurück ins Gras. In einem immer enger werdenden Kreis sich drehend und schließlich in seine Wunde beißend, sah ich ihn noch, als Gita geschwind wie ein Pferd mit uns das Weite suchte.

Das Bild, das wir während unserer Flucht boten, hätte sicherlich bei Zuschauern ungeteilte Heiterkeit ausgelöst. Nach 200 Metern endlich brachte der Mahaut den Elefanten zum Stehen. Mein rechter Zeigefinger blutete. Der Abzugsbügel hatte ihn durch den Schuß aus der Hüfte jämmerlich zugerichtet. Gita blutete aus einigen Kratzwunden am Kopf. Wir hatten Glück gehabt, das sahen wir alle ein.

Es war spät geworden. Die Möglichkeit, in der Dämmerung erneut angegriffen zu werden, war groß. Wir machten uns auch ernste Sorgen um Gita. Die Kratzwunden am Kopf waren zwar nicht groß, doch wußten wir genau, daß Verletzungen durch Tigerkrallen zu schweren Blutvergiftungen führen können, auch bei Elefanten. Ich kenne zwei Fälle, in denen Elefanten mit schlecht behandelten Wunden nach zwei Monaten verendeten.

Sorgfältig wuschen wir daher die Verletzungen mit Jod aus. Schon gegen sechs Uhr früh standen wir wieder vor der Dschungelinsel. Eine Krähe flog mehrere Male über eine Stelle des Graslandes. Vorsichtig ritten wir in diese Richtung. Auf eine Entfernung von 15 Metern sah ich den hinteren Teil des Tigers. Er lag flach im Gras. Auf ein Kommando ging Gita in die Knie. Ich sprang aus dem Sattel und näherte mich. Als ich knapp vor ihm stand, bäumte er sich ein letztes Mal auf und schon drang meine Kugel zwischen seinen Vorderbeinen direkt ins Herz.

Nun konnte ich alles in Ruhe betrachten. Daß es sich um eine höchstens sechs Jahre alte Tigerin handelte, überraschte mich. Weniger erstaunt war ich, als ich feststellte, daß meine erste Kugel den linken oberen Fangzahn getroffen, sämtliche Zähne derselben Seite zertrümmert hatte, abgeprallt und unter seinem linken Auge wieder ausgetreten war. Unter dem Baum mit den Geiern fanden wir eine frisch gerissene Kuh und hatten somit auch die Erklärung für den ersten Angriff, mit dem die Tigerin wahrscheinlich nur den Elefanten verjagen wollte. Gita weigerte sich, am ganzen Leib zitternd, den Tiger ins Lager zu bringen. Aus ihr würde nie ein guter Jagdelefant werden.

Nach meiner Rückkehr nach Delhi hörte ich, daß Thakur seine Gita verkauft hatte, nachdem ihre Wunden bestens verheilt waren. Heute „fährt" sie irgendwo in Nordindien Hochzeiten, eine nicht uneinträgliche Sache für ihren neuen Besitzer. Ein Bräutigam auf dem Lande mit dem Hang zur Romantik und dem nötigen „Kleingeld" läßt es sich nicht nehmen, am Hochzeitstag per Elefant vor dem Haus seiner Braut anzukommen. Für solche „Tigerjagden" ist Gita wohl besser geeignet.

Tiger beim Riß ihrer Beute.

Ich wußte nun endlich ganz genau, wie dem Sahib auf dem Elefanten, festgehalten auf jenem unvergessenen Bild im Jagdkatalog meines Vaters, zumute gewesen sein mußte, als ihn der Tiger ansprang. Von weiteren Tigerjagden konnte mich dieses Erlebnis zwar nicht abhalten, aber ich hatte nie mehr Lust, vom Rücken eines Elefanten aus zu jagen.

Das alles erlebte ich noch zu einer Zeit, als ich Filmkameras nur vom Hörensagen kannte. Erst Jahre später kaufte ich dann meine erste Filmkamera. Und da es kein Tier im indischen Dschungel gab, das ich besser kannte als den Tiger, begann ich, einen Tigerfilm zu drehen – buchstäblich mit der Kameragebrauchsanleitung in einer Hand. Tigerfilme gab es bis dahin noch keine. Von vielen Seiten wurde mein Unternehmen von vornherein als unmöglich bezeichnet. Ich hörte auch, daß hervorragende Kameraleute mehr als einmal versucht hatten, Tiger in freier Wildbahn zu filmen – ohne Erfolg. All das konnte mich von meinem Vorhaben aber nicht abbringen, weil ich mir darüber im klaren war, daß meine jahrelange Erfahrung mit Tigern eine bessere Voraussetzung für mein Unternehmen war als eine jahrelange Kameraschulung. Ich sollte recht behalten.

Es dauerte dann fast ein ganzes entbehrungsreiches Jahr, bis ich schließlich den ersten Tigerfilm der Welt fertiggestellt hatte, gedreht mit einer Minimalausrüstung, mit der ich heute nicht einmal eine Geburtstagsfeier filmen möchte. Mein längstes Objektiv war 150 mm, doch die meisten Aufnahmen kamen mit noch kürzeren Brennweiten zustande, da ich selten mehr als 15 bis 20 Meter von den Tigern entfernt war. Alle Aufnahmen machte ich vom Boden aus, da ich gehört hatte, daß es doch immer wieder einmal gelungen war, Tiger mit Elefanten an einem Hochstand vorbeizutreiben. Das Ergebnis war immer dasselbe. Ein flüchtender, gehetzter Tiger oder, besser gesagt, ein Tigerrücken, der kurz auftauchte und wieder verschwand. Mit solchen Aufnahmen wollte ich mich nicht zufriedengeben, deshalb filmte ich alle Szenen vom Boden aus. Das war im Jahr 1965. Auch während der folgenden Jahre ließen mich die Tiger nicht los. Menschenfressende Tiger tauchten regelmäßig in den verschiedensten Dschungelgebieten Indiens auf. Ich folgte immer wieder den Aufrufen im Amtsblatt der Regierung.

Im Jahr 1969 gelang es mir dann, einen der berüchtigtsten menschenfressenden Tiger Indiens, auf dessen Konto nicht weniger als 308 Menschenopfer gingen, zur Strecke zu bringen. Auch darüber drehte ich einen Fernsehfilm. Die Strapazen dieser fast ein Jahr dauernden Jagd fanden dann irgendwie eine Entschädigung, als ich mit Überraschung und Freude feststellen konnte, daß nicht weniger als 55 % aller Fernsehteilnehmer den Film angesehen hatten und daß er in einer von einer Fernsehzeitschrift in Auftrag gegebenen Umfrage sogar die beste Note erhielt.

Ich habe schon mehrfach meinen Unmut darüber ausgedrückt, daß bis zum heutigen Tag über Tiger mehr Unsinn als Wissenswertes geschrieben worden ist. In Indien waren es lange Zeit viele englische Kolonialbeamte, die sich ihre Langeweile damit vertrieben, in Jagdclubzeitschriften ein Menü aus Aberglauben, Jägerlatein und purem Nonsens in Vollendung zu servieren. Der Wert solcher Publikationen hing oft nur davon ab, ob sie auf saugfähigem Papier gedruckt waren – dann konnte man wenigstens nasse Schuhe damit ausstopfen.

Ich möchte dem Leser aber auch nicht vorenthalten, was ein Mann über Tiger schrieb, den man hierzulande heute noch achtet und häufig zitiert. Im berühmten „Brehms Tierleben", allerdings in einer Ausgabe der dreißiger Jahre, steht folgendes zu lesen: „. . . Es scheint beim Tiger sich genauso zu verhalten, wie wir es auch von anderen Raubtieren kennen. In Ländern, wo ihm der Mensch mutig entgegentritt, ist er ein feiges

Raubtier, wo jedoch das Volk feige ist, wird der Tiger mutig. So sollen alle koreanischen Tiger ‚Menschenfresser' sein, weil eben bei der großen Feigheit der Koreaner, selbst von der wegen ihres Mutes sagenberühmten Gilde der Jäger, kaum jemals einer gewagt haben wird, einem Tiger entgegenzutreten."

Ich glaube nicht, daß ich diesen Zeilen noch etwas hinzufügen muß. Es ist aber ein Beispiel von vielen möglichen anderen Beispielen, das zeigt, welcher Unsinn über Tiger im Lauf der Jahre geschrieben wurde. Eine Theorie, die mehr den modernen Erkenntnissen Rechnung trägt, stammt von dem Zoologen Dr. Hubert Hendrichs. Dr. Hendrichs teilt Tiger in vier Kategorien ein: A, B, C und D. Er ist der Ansicht, daß der weitaus größte Teil der Tiger, jedenfalls der Tiger, die unter einigermaßen ungestörten Bedingungen im Dschungel leben, dem Menschen eher aus dem Weg gehen und ihn nicht als natürliche Beute betrachten. Diese Gruppe nennt er A-Tiger.

Die B-Tiger sind seiner Ansicht nach bereits von der Zivilisation eingeengt. Wenn ihre natürliche Beute, die Tiere des Dschungels, durch rücksichtslose Jägerei und Wilderei so dezimiert ist, daß sie nicht mehr satt werden, holen sie sich Vieh aus den Dörfern. Diese Problematik gibt es naturgemäß dort, wo sich neue Siedlungen in den Urwald oder Dschungel hineinfressen. Auch diese Tiger scheuen an sich noch die Nähe des Menschen und ziehen sich möglichst schnell zurück.

Die C-Tiger sind nach Dr. Hendrichs eher durch eine Verkettung widriger Umstände zu Menschenkillern geworden. Jedenfalls gehört zu dieser Gruppe ein angeschossenes Tier oder eine Tigerin, die ihre Jungen bedroht fühlt, oder ein Männchen während der Ranzzeit (die übrigens individuell und nicht nach einer bestimmten Jahreszeit eintritt) – wenn also die elementarsten Lebensbereiche des Tigers gestört werden. Er wird dann, nach dieser Theorie, eher zufällig zum Killer und meidet danach die Nähe des Menschen ganz besonders.

Die wirklichen Menschenfresser nach Dr. Hendrichs Theorie sind die sogenannten D-Tiger. Sie werden von den Einheimischen die „Gezeichneten" genannt, womit gemeint ist, daß sie sich außerhalb der natürlichen Ordnung stellen. Leider trifft das aber meistens nur dann zu, wenn sie – fast immer durch Menschenhand – gezeichnet worden sind. Dadurch werden sie in ihrer Jagdfähigkeit so beeinträchtigt, daß sie kein größeres Wild mehr reißen können und sich dann auf den langsamen und wehrlosen Menschen stürzen. Fast alle D-Tiger, „Man-Eater" also, die man erlegt hat, wiesen arge Blessuren auf: fehlende Fangzähne, vereiterte Schußwunden, unzählige Schrotkugeln im Leib, verletzte Pfoten usw.

Ein Teil dieser Verletzungen können „natürlicher“ Art, also nicht von Menschenhand hervorgerufen sein: schrecklich vereiterte Pfoten, in denen Stacheln der Stachelschweine stecken, oder durch Dornen verletzte Augen, oder schlecht heilende Wunden von Duellen mit Artgenossen oder mit einer wehrhaften Beute. Leider sind aber die meisten Blessuren, die einen Tiger zum „Man-Eater“, zum Menschenfresser, machen, das Werk von Menschenhand. Dazu muß ich keine Fachwerke studieren, für diese Diagnose reichen die Ergebnisse der Untersuchungen an Menschenfressern aus, die ich selbst erlegt habe. Leider geht dabei manchmal auch etwas schief:

Bei den Nachtjagden, die illegal, aber gern durchgeführt werden, glitzern die Augen eines Tigers für einen unerfahrenen Jäger kaum anders als die eines Hirsches. Der Wildschütz merkt erst am Aufbrüllen des Tigers, den das Kaliber natürlich nicht getötet, manchmal aber verletzt hat, daß er da nicht auf einen Geweihträger geschossen hat. Vermutlich erschrecken Mensch und Tier dann gleichermaßen, aber wenn durch den Schuß ein Fangzahn zerbrochen, ein Auge oder eine Pfote verletzt worden ist, hat damit dieser Mensch vielleicht einen normalen A-Tiger zu einem D- Tiger denaturiert und damit seinen zukünftigen Weg als „Man-Eater“ bestimmt.

Im großen und ganzen ist diese Gruppeneinteilung zutreffend. Es gibt aber noch eine andere Gruppe von menschenfressenden Tigern, die bisher nirgendwo eingeordnet war. Das sind die Menschenfresser der Sunderbans.

Für das bisher rätselhafte Verhalten dieser Tiger habe ich im Jahr 1985 eine Lösung gefunden und sie am 13. April 1986 in meinem Fernsehfilm „Im Rachen des Satans“ der Öffentlichkeit mitgeteilt. Bis zu diesem Zeitpunkt ist jedenfalls in allen Publikationen über das Menschenfresserproblem der Sunderbans gesagt worden, daß es unerklärlich sei, warum die Tiger der Sunderbans ausschließlich Menschenfresser seien.

Seit dem 13. April 1986 allerdings gibt es Veröffentlichungen, in denen meine Theorie mit der größten Selbstverständlichkeit erwähnt wird, ohne daß gesagt wird, wer das Rätsel der menschenfressenden Tiger der Sunderbans gelöst hat.

Meine Arbeit in den Sunderbans hat eine lange Vorgeschichte. Die

Sunderbans sind die Mangrovensümpfe im Mündungsgebiet von Ganges und Bramaputra. Es ist ein Gebiet von etwa 4000 Quadratkilometern, das zum Teil in Indien sowie in Bangladesh liegt.

Während all der Jahre, die ich in Indien verbrachte, hörte ich immer wieder von den menschenfressenden Tigern der Sunderbans. Irgendwie kam ich aber nie dazu, in dieses Gebiet zu gehen. Außerdem hatte ich stets große Zweifel, wenn ich hörte, daß alle Tiger dieses Gebietes Menschenfresser sein sollen. Mit solch einem Gedanken konnte ich mich ganz einfach nicht anfreunden.

Erst im Jahr 1985 machte ich Herrn Alfred Schmitt vom ZDF den Vorschlag, in den Sunderbans einen Film zu drehen. Zu diesem Zeitpunkt hatte ich auch keine Erklärung für das Phänomen der Menschenfresser, das ich bis dahin als hartnäckiges Gerücht abgetan hatte.

Ich wurde aber eines Besseren belehrt. Schon während meiner ersten Recherchen in Dhaka, der Hauptstadt von Bangladesh, hörte ich von den Verantwortlichen der Forstverwaltung, daß die Tiger der Sunderbans in der Tat Menschenfresser seien und daß ich bei meinen Dreharbeiten auf der Hut sein müsse. Es wurde mir sogar ein alter erfahrener Jäger namens Pachdabi Gazi zugeteilt, der in Bangladesh eine lebende Legende ist, weil er nicht weniger als 56 menschenfressende Tiger im Lauf von drei Jahrzehnten zur Strecke gebracht hatte. Man hatte ihm sogar ein altes englisches Infanteriegewehr zur Verfügung gestellt, das aber in meinen und auch in seinen Augen bei einem angreifenden Tiger völlig wertlos war. Dazu braucht man großkalibrige, schwere Waffen.

Pachdabi Gazi ließ auch keine Zweifel darüber offen, daß alle der etwa 500 bis 600 Tiger der Sunderbans Menschenfresser sind. Unter seinen 56 abgeschossenen Tigern wies, wie er mir sagte, kaum einer eine Verletzung auf, die ihn zur Menschenfresserei gezwungen hätte.

Als ich etwas später auf der indischen Seite der Sunderbans zu drehen begann, hatte ich vorher den zuständigen Direktor für das Tigergebiet aufgesucht. Aus seinem Munde hörte ich dieselbe Geschichte. „Wir haben viele Menschenfresser, wir haben aber keine Erklärung dafür, warum sie das machen." Betroffen von diesem unerklärlichen Tigerverhalten waren vor allem die Holzfäller, die Honigsammler, die Fischer und auch andere Dorfbewohner, die sich in den Dschungel hinauswagten. Selbst nachts wurden von den Tigern schlafende Fischer von ihren Booten geholt, wenn diese auch 50 und mehr Meter vom Ufer entfernt verankert waren.

Man hatte sogar begonnen, da und dort stromgeladene, menschliche

Puppen aufzustellen in der Hoffnung, den Tigern durch schmerzhafte Stromschläge die makabren Freßgewohnheiten abzugewöhnen. Von Erfolg konnte man nicht sprechen, denn bis zum heutigen Tag verlieren durch Tiger in den Sunderbans mindestens 100 Menschen jährlich ihr Leben. Die Sunderbans sind eigentlich unbewohntes Gebiet. Sie sind ein Labyrinth von Tausenden von Wasserarmen, das nur von den verhältnismäßig wenigen Holzfällern, Fischern und Honigsammlern aufgesucht wird.

Natürlich beschäftigte mich das Rätsel der Menschenfresser Tag und Nacht. Doch vorerst sah ich keine Lösung. Ich erinnerte mich an Berichte, die ich gelesen hatte und die von namhaften Zoologen stammten, die sogar soweit gingen, das salzige Brackwasser der Sunderbans für das unerklärliche Verhalten der Tiger verantwortlich zu machen – eine Theorie, der ich allerdings wenig abgewinnen konnte und die ich ganz unverblümt als wissenschaftliches Hirngespinst bezeichnete.

Während der Dreharbeiten in Indien waren meine Frau und ich gezwungen, einen Abstecher nach New Delhi zu machen, um weitere Bewilligungen einzuholen. Wir hatten den Direktor des Tigerprojektes aufgesucht, der für die neun Nationalparks zuständig war, die im Jahr 1971 unter der Bezeichnung „Projekt Tiger" zusammengefaßt wurden. Seither sind die Tiger Indiens nicht mehr vom Aussterben bedroht. Auch die indischen Sunderbans gehören zu seinem Bereich, und er kannte das Problem mit den Sunderban-Tigern sehr genau. Eine Erklärung für ihr ungewöhnliches Verhalten hatte er jedoch auch nicht.

Auf der Taxifahrt zurück zum Hotel schrie ich dann plötzlich vor Freude: „Ich hab's!" Dabei schaute ich in die vor Schreck weit geöffneten Augen meiner Frau und fügte lauter als notwendig hinzu: „Ich habe die Lösung des Rätsels der menschenfressenden Tiger der Sunderbans. In diesem Augenblick ist sie mir eingefallen!"

Und dann erklärte ich ihr, wieder ganz ruhig, daß das Mündungsgebiet von Ganges und Bramaputra und all die angrenzenden Gebiete seit Menschengedenken von verheerenden Zyklonen heimgesucht werden. Jahr für Jahr sterben Tausende Menschen in abgelegenen Gebieten. Auch die Fischer, Holzfäller und Honigsammler sind davon betroffen. Ihre Leichen werden irgendwo in die Mangroven geschwemmt und nie gefunden. Die Tiger allerdings finden diese Leichen, und da ich aus Erfahrung wußte, daß Tiger auch Aasfresser sind, konnte ich mir zusammenreimen, daß sie so eine Gelegenheit nur allzu gern beim Schopf packten und das mühsame Hirsche-Reißen oder Wildschweintöten nach jedem Zyklon für einige Zeit vergaßen. Da sie durch ihre Erfahrung mit menschlichen Leichen die angeborene Scheu vor Menschen verloren haben, greifen sie später auch die Lebenden ohne Zurückhaltung an.

Ich bin nun aber auch sicher, daß von den etwa 600 Tigern in den Sunderbans keineswegs alle Menschenfresser sind, sondern nur jene, die Kontakt mit menschlichen Leichen hatten – und solche Tiger gibt es in den Sunderbans viele Dutzende. Wenn ich bedenke, daß ich jahrelang eine Lösung dieses Rätsels gesucht habe, so muß ich mich heute wundern, daß ich nicht früher die plausiblen Zusammenhänge erkannt hatte. Aber schließlich sind vor mir viele andere mit wissenschaftlich fundiertem Fachwissen daran vorübergegangen, die heute wie gesagt meine Lösung zitieren, so, als wären sie selbst darauf gestoßen.

Ich hatte den großen Vorteil der praktischen Erfahrung, die mir auch geholfen hatte, den ersten Tigerfilm der Welt zu drehen. Ich wünsche mir oft, mit meiner heutigen Kamera-Erfahrung einen neuen Tigerfilm drehen zu können. Irgendwie gab es aber immer wieder andere Filmprojekte, die vordringlicher schienen. Ich schließe aber nicht aus, daß ich vielleicht doch eines Tages noch jenen Tigerfilm drehen werde, der mir eigentlich schon seit Jahren vorschwebt, und auch ein Buch darüber zu verfassen.

Mehr als ein Vierteljahrhundert Erfahrungen mit diesen herrlichen Großkatzen und einer Kamera-Erfahrung, die sich auch schon über zwei Jahrzehnte erstreckt, würden es zweifellos mit sich bringen, daß es ein ganz anderer Tigerfilm werden könnte als der erste. Zudem reizt mich ganz einfach auch die Fortsetzung dessen, womit ich diesen Beitrag überschrieb, der dann in Ergänzung heißen würde: „Mit Tigern fing es an – mit Tigern hörte es auf."

Hans Fricke

Erstmalig gefilmt – Der Quastenflosser

Ein lebendes Fossil im Indischen Ozean

Das Jahr 1938 sorgte für Aufregung unter Zoologen. Ein Trawlerkapitän hatte durch Zufall vor der Mündung des Chalumna Flusses an der südafrikanischen Küste einen merkwürdigen, anderthalb Meter langen Fisch an Deck gezogen. Der seltsame Fisch hatte gestielte Flossen und entpuppte sich als ein Hohlstachler *(Coelacanthus)* oder auch Quastenflosser.

Quastenflosser waren vor 400 Millionen Jahren entstanden und starben vor 70 Millionen Jahren mit den großen Ichthyo- und Plesiosauriern plötzlich aus. Ein „Saurier" war entdeckt worden, der es offenbar verstanden hatte, sich irgendwo in einer versteckten Nische des Indischen Ozeans vor der Wissenschaft zu verbergen. Um die Jahrhundertwende hatten Anatomen und Palaeontologen entdeckt, daß aus dieser Fischgruppe alle Landwirbeltiere oder auch Tetrapoden entstanden: Sie hatten den Schritt ans Land gewagt, ein Evolutionsschritt, der uns Menschen hervorbringen sollte.

Als Professor J. L. B. Smith von der Rhode University in Grahamstown in der Zeitschrift „Nature" den Fang beschrieb, glaubten einige namhafte Fischforscher immer noch nicht, daß ein Quastenflosser lebend gefangen worden war. Sie unterstellten sogar, daß das Exemplar doch wohl unter dem Sand des Chalumna Flusses gelegen habe. Der Fisch machte Weltpresse.

Als wir fast 50 Jahre später erste Film- und Fotoaufnahmen des Quastenflossers im natürlichen Lebensraum 200 Meter tief an den steilen Hängen der Komoren Inseln von Bord unseres Forschungstauchbootes GEO aufnahmen, erschien sein Porträt auf der ersten Seite der „New York Times". Ein Fisch deplacierte an diesem Tag die Großen der Weltpolitik. So ist der Quastenflosser auch heute noch ein Tier von Format.

Die Idee, diesen legendären Fisch mit eigenen Augen zu sehen, hatte mich schon als Schuljunge bewegt. Damals las ich die Übersetzung der zauberhaften Romanze seiner Entdeckungsgeschichte, den Zoologenklassiker „Old Fourlegs" von J. L. B. Smith. 1969 versuchte ich in Madagaskar, Quastenflosser mit Atemgerät und Schwimmflossen auf die Spur zu kommen. 1975 probierte ich es nach Rückkehr vom Aldabra-Atoll ein zweites Mal, aber auch in diesem Jahr vergebens – wie im übrigen die Expeditionen anderer vor mir. Das Literaturstudium überzeugte mich vollends, daß nur ein Tauchboot zum Erfolg führen könne, denn der Quastenflosser lebt in ziemlich tiefem Wasser.

Wie es dazu kam, daß der Quastenflosser von uns in seinem natürlichen Lebensraum im Westlichen Indischen Ozean schließlich untersucht und gefilmt werden konnte, verdanke ich zwei Journalisten: dem ehemaligen Chefredakteur der Zeitschrift „Geo", Rolf Winter, und Alfred Schmitt vom ZDF. Rolf Winter gab mir einen großzügigen Kredit, um unser Tauchboot 1981 zu bauen, und sagte gleichzeitig Unterstützung für ein Quastenflosserprojekt zu. Auch Alfred Schmitt, begeisterungsfähiger Vater so manchen deutschen Dokumentarfilms, entschied sich spontan, eine Quastenflosser-Expedition mitzufinanzieren. Er stand auch in jenen brenzligen Zeiten zu seinem Wort, als mein Forschungsantrag bei der Deutschen Forschungsgemeinschaft auf Skepsis stieß, weil ein Gutachter meinte, das Risiko des Projektes sei zu groß. Es stand auf Messers Schneide.

Mich plagten Geldsorgen, denn eine mutterschiffgebundene Tauchbootexpedition in einem entfernten Meer war weder allein mit einem ZDF-Honorar noch mit Geldern der Deutschen Forschungsgemeinschaft oder einem Vorschußhonorar der Zeitschrift „Geo" zu bestreiten. Nur der Verbund mehrerer Geldgeber könnte die Expedition realisieren. Alfred Schmitt gab mir zu verstehen, daß er in jedem Fall an den Fisch glaube, und sollte ich ihn nicht finden, so würden wir eben die Suche nach einem Phantom filmisch darstellen. Für diese Rückenstärkung danke ich ihm besonders. Ich machte Pläne, private Bankkredite aufzunehmen, denn den Quastenflosser sucht man nur einmal in seinem Leben. Am Vorabend meines 44. Geburtstages erhielt ich fast schon unerwartet den Bescheid, daß die Deutsche Forschungsgemeinschaft meinen Antrag doch noch positiv befürwortet habe. Den anonymen Gutachtern fiel ich in Gedanken um den Hals.

„Quasti", so nannten wir den Quastenflosser liebevoll nach unseren ersten Begegnungen, ging mir von da an nicht mehr aus dem Kopf. Manchmal hätte ich gern einen „Eventrecorder" in meiner Tasche gehabt,

Das Zuwasserlassen des Tauchbootes GEO.

um herauszufinden, wie viele Stunden „Quasti" täglich mein Hirn besetzte. Meinem Freund und Mitarbeiter Jürgen Schauer ging es wohl ähnlich. Ich „lebte" jetzt mit dem Fisch, und manchmal holte mich meine liebe Familie beim Abendessen in die Wirklichkeit zurück, wenn Augen und Gedanken wieder einmal in die Ferne zum Quastenflosser abschweiften. Es muß schon schwierig sein, mit einem solchen Narren als Vater und Ehemann zusammenzuleben.

In London baute ein Freund unterdessen eine nagelneue Jacht. Sie sollte – versehen mit einem speziellen Kran – das Mutterschiff für unsere Tauchbootexpedition werden. Als 1985 im Herbst die Fahrt endlich losgehen sollte, machte eine Firma Bankrott, die die letzten Holzarbeiten an Deck ausführte. Die „Quasti"-Expedition fiel für dieses Jahr ins Wasser.

Als ein Jahr später unser Versorgungsschiff aus England mit unserem Tauchboot huckepack auf dem Ozean in Richtung Komoren schwamm, erreichte mich in Seewiesen ein Telegramm aus Japan. Mir wurde von der

„Japanese Scientific Expedition for Coelacanth" mitgeteilt, daß in Paris offiziell bekanntgegeben wurde, daß es jetzt erstmals gelungen sei, Quastenflosser lebend unter Wasser auf Videofilm festzuhalten. „Nun", sagte ich zu mir, „da hast du Pech gehabt", und begnügte mich damit festzustellen, daß der Bessere zuerst am Ziel ankommen soll. Ich schickte ein Glückwunschschreiben nach Japan. Alfred Schmitt, dem ich die Nachricht zukommen ließ, sprach mir auch jetzt wieder väterlichen Trost zu. Wir setzten unsere Reise fort.

Im Dezember erfuhr ich allerdings, daß die japanische Expedition den Videofilm von dem französischen Taucher Jean Louis Geraud für 150 000 DM abgekauft hatte. Geraud filmte einen geangelten Quastenflosser, der im flachen Wasser freigelassen worden war. Der Fisch hing – wie ein Hund – an einer Nylonschnur, die man im Film nicht sah. Als der Fisch die Oberfläche erreichte, starb er bald. Besonders überraschte mich zu erfahren, daß die japanische Expedition während dieser Zeit sich nicht auf den Komoren befunden hatte. Einer solchen wissenschaftlichen Territoriumsmarkierung war ich vorher in meinem Leben noch nie begegnet. Offenbar wußten die Japaner nicht, daß geangelte Quastenflosser schon einige Male und Jahre vorher im Flachwasser gefilmt wurden. Für uns war das japanische Telegramm ein doppelter Ansporn, den Quastenflosser jetzt erst recht in seinem natürlichen Lebensraum zu suchen.

Die Wirklichkeit übertraf alle unsere Erwartungen. „Quasti" entpuppte sich als ein friedlicher, hübscher und sehr kooperativer Geselle. Seine Bewegungen waren so erfrischend langsam, daß man allein vom Zusehen fast zum Einschlafen kam. Er zeigte keine Scheu vor den starken Scheinwerfern unseres Tauchbootes, und manchmal fragte ich mich, wie dieser fast pazifistische Fisch – er ließ alles mit stoischer Geduld über sich ergehen – den Konkurrenzkampf mit den modernen Knochenfischen bestehen konnte. Die modernen Fische erschienen mir plötzlich wie der heutige Mensch: hektisch, nervös, aggressiv und immer auf Trab. War vielleicht diese sparsame Lebensweise das Geheimnis seines Millionen Jahre währenden Daseins in einer Umwelt, in der fast nichts – außer schwarzer Lava – vorkam? Eine Antwort darauf hatten wir nicht. Überhaupt blieb „Quasti" für uns ein Buch mit sieben Siegeln. Ich hätte gern mehr über ihn erfahren. Doch unser Tauchboot „Geo" begrenzte unsere Möglichkeiten, dem Quastenflosser noch tiefer zu folgen. Was trieb er wohl unterhalb des Tauchbereiches unseres Bootes? Nur ein neues Tauchboot konnte da helfen. Auch Jürgen Schauer war wie ich diesem zeitlosen

Der Quastenflosser im Scheinwerferlicht unseres Tauchbootes. Er ist das einzige unter den höheren Tieren, das seit 400 Millionen Jahren unverändert auf unserer Erde lebt.

Fisch restlos verfallen – und wir bauten ein neues Tauchboot: JAGO nannten wir es.

Im Oktober 1989 kehrten wir zurück auf den Archipel des Quastenflossers. Und wir sahen und filmten Neues: „Quasti“ ist nicht nur ortstreu, sondern lebt auch zeitweise friedlich in Gruppen. Eine aggressionslose Gesellschaft? Traumwandlerisch trollten diese friedlichen Riesen in der Morgendämmerung in ihre Höhlen, wo wir sie nur mühsam aufspüren konnten. Ein neuer Film entstand, der zum erstenmal einen Einblick in die Lebensweise dieser archaischen Fische geben wird.

Unser erster Filmbericht half aber auch, dem gefährdeten Dasein des Quastenflossers in unserer heutigen exploitierten Welt zu helfen.

Große Schau-Aquarien sind dabei, die „Blaue Mauritius“ unter den Fischen lebend zu fangen, nur um damit dem Trend unserer sensationslustigen Zeit zu folgen: „to be the first“. Dies geschieht – wie oft in solchen Fällen – unter dem Deckmantel der Wissenschaft. Über einen Reporter der „New York Times“ habe ich die Öffentlichkeit darauf aufmerksam gemacht. Die letzte Aktion, ein 2-Millionen-Dollar-Projekt des japanischen TOBA-Aquariums, finanziert über Mitsubishi, wurde ein Mißerfolg. Unterschriftensammlungen japanischer Naturschützer brachten den Direktor des Aquariums in arge Bedrängnis. In Kalifornien machten engagierte Tierschützer auf den Quastenflosserfang aufmerksam. Sie schrieben Briefe an den Präsidenten der Islamischen Republik der Komoren, an das State Department und auch an die japanische Regierung. Dank unserer ersten Quastenflosser-Expedition wurde über einen Antrag der Bundesrepublik Deutschland der Quastenflossser am 29. Oktober 1989 auf die Liste der höchst gefährdeten Tiere des Washingtoner Artenschutzabkommens gesetzt.

Wird der Quastenflosser überleben? Sicher ist, daß wir zu ihm zurückkehren werden. Wir werden ihn weiter studieren und filmen.

Und deshalb denke ich besonders gerne an jenen Tag im Frühjahr 1985 zurück: Ich saß mit Alfred Schmitt in der Nähe des Hauptbahnhofs in München. Wie immer bei unseren gelegentlichen Treffs sprachen wir über

Präparierte Quastenflosser, entdeckt bei einem Präparator auf der Insel Anjouan (Komoren). Foto: Jürgen Schauer

vielerlei – und hier wurde auch der konkrete Plan gefaßt, jetzt den Quatenflosser anzugehen. Daß dieses mühevolle Projekt doch noch ein so großer Erfolg wurde, freut mich besonders, denn damit wurden auch die Bemühungen Alfred Schmitts belohnt und anerkannt – des großen Förderers des deutschen Wild-Life-Filmes. Aber nicht nur das. Das Projekt hat auch geholfen, weltweit auf die gefährdete Situation des Quastenflossers aufmerksam zu machen.

Otto Hahn

Wenn die Igel in der Abendstunde ...

Er paßt ganz und gar nicht in das von Verhaltensforschern entworfene Klischee, wonach es zwei Tiergruppen geben soll, die dem Menschen besonders sympathisch sind. Denn er ist weder ein aufrecht gehendes Tier, noch hat er ein Streichelfell und große Kulleraugen. Trotzdem ist er wohl eines der beliebtesten wildlebenden Säugetiere: unser Igel. Vielleicht läßt sich seine Beliebtheit mit seinem drolligen Äußeren erklären, dem Stachelkleid, das ihn vollkommen von anderen Tieren unterscheidet. Vielleicht liegt es auch daran, daß der Igel häufig in menschlicher Nähe lebt und deshalb von vielen schon fast als Haustier betrachtet wird. Ein weiterer Grund für seine Popularität ist wohl, daß er bei Gefahr nicht flieht, sondern sich zu einer Stachelkugel einrollt und von jedermann gefangen und in die Hand genommen werden kann. Sicher imponiert diese Taktik, sich bei Gefahr „einzuigeln" und sich so durch passiven Widerstand selbst gegen einen verhältnismäßig riesigen Angreifer zu verteidigen oder ihn gar zu verletzen, ohne selbst anzugreifen.

Der Igel ist eines der ältesten, heute noch lebenden Säugetiere. Er ist bereits seit dem Tertiär nachgewiesen und soll nach neuesten Forschungen (Romer, USA) 60 Millionen Jahre alt sein. Das stachelige Äußere und seine geheimnisvolle nächtliche Lebensweise haben schon immer die Phantasie der Menschen angeregt. So ist es nicht verwunderlich, daß sich zahlreiche Erzähler und Dichter mit ihm beschäftigt haben und er in vielen Sagen, Märchen und Fabeln vorkommt.

Obwohl unser Igel häufig in menschlicher Nähe anzutreffen ist, weiß man verhältnismäßig wenig über seine Lebensweise, da er ja hauptsächlich in der Dämmerung und bei Nacht aktiv ist. Deshalb beschloß ich, die Strapazen einer längeren nächtlichen Beobachtung auf mich zu nehmen und meinen Lebensrhythmus ganz dem des Igels anzupassen, also nachts aktiv zu sein und am Tag zu schlafen, was natürlich – wie

Nase und Ohren sind die wichtigsten Sinnesorgane des nachtaktiven Igels. Er liebt naturnahe, hecken- und buschreiche Gärten, in denen er trockene Unterschlupfmöglichkeiten findet.

sich im Lauf der Zeit herausstellte – mit enormen Problemen verbunden war.

Die Vorbereitungen zu den Dreharbeiten waren sehr langwierig, galt es doch, nachtaktive Wildtiere so an das Licht von Scheinwerfern zu gewöhnen, daß sie völlig normal vor der Kamera agierten. Um die Igel weder in ihrer Bewegung noch in ihrem natürlichen Verhalten zu beeinträchtigen, mußte Nacht für Nacht ein großflächiges Gelände mit Scheinwerfern (32 KW) auf Verdacht ausgeleuchtet werden. Domestizierte Igel hatten keine Chance, Darsteller in meinem Film zu werden, denn ihr Verhalten ist nicht mehr natürlich, sie gewöhnen sich auch rasch an das vom Menschen angebotene Ersatzfutter und haben dann keine Lust mehr, sich von Insekten, Schnecken und Regenwürmern zu ernähren.

Igel haben ein äußerst empfindliches Gehör, ihre obere Hörgrenze liegt bei 18 bis 20 kHz. Ihre Geräuschempfindlichkeit bereitete mir bei meinen nächtlichen Dreharbeiten die meisten Schwierigkeiten. Das Einschalt-

und Laufgeräusch der Kamera ließ die Igel schlagartig zusammenzucken und vorübergehend erstarren. Erst nach 10 bis 20 Sekunden nahmen sie ihre Tätigkeit wieder auf, so daß jeweils der Anfang der meisten Filmszenen unbrauchbar war, was natürlich zusätzlich eine Menge Filmmaterial kostete.

Mein nächtlicher Stundenplan sah in etwa so aus: gegen 19 Uhr Kabel verlegen, Scheinwerfer aufbauen, Kamera drehfertig machen, Stativ, Richtmikrofon und Tonbandgerät aufbauen. Dann stundenlang auf der Lauer liegen – filmen – Ton aufzeichnen – frieren, mit dem Schlaf kämpfen, gegen 7 Uhr früh wieder alles abbauen, gegen 8 Uhr frühstücken, anschließend fünf Stunden schlafen. Trotz intensivster Bemühungen war es mir nicht gelungen, jemanden zu finden, der gewillt war, mir nachts zu assistieren. Deshalb richtete ich mich völlig auf Ein-Mann-Bedienung ein, das heißt, ich konnte vom Kamerastandpunkt aus die diversen Scheinwerfer und das Tonbandgerät ein- bzw. ausschalten. In über 5000 Stunden nächtlicher Beobachtung belichtete ich ungefähr 5 Kilometer 16-Millimeter-Film.

Schon nach wenigen Monaten mußte ich feststellen, daß sowohl manche im Volksglauben als auch in Büchern überlieferte Vorstellungen, Meinungen und Daten korrigiert werden müssen. Je mehr ich Einblick in die Lebensweise des Igels gewann, um so deutlicher erkannte ich, daß viel Widersprüchliches und Falsches über ihn geschrieben wurde und daß sich auch die Wissenschaftler nicht in allem einig sind. Nach meinen Beobachtungen erwiesen sich zahlreiche Daten als falsch, die viele der früheren Autoren immer wieder voneinander übernommen hatten, ohne sie vorher selbst überprüft zu haben. Einige Verhaltensmuster, die ich unbedingt filmen wollte, konnte ich erst im dritten und vierten Drehjahr verwirklichen. Allein um eine gelungene Paarung filmen zu können, mußte ich mich 35 Nächte lang auf die Lauer legen. Manchmal kam auch der Zufall zu Hilfe, und ich konnte Aufnahmen machen, von denen ich zuvor nie zu träumen gewagt hätte, z.B., wie ein Igel einen alten Lattenzaun abnagte, um bequemer darunter durchkriechen zu können, oder wie Igel an einem verendeten Eichhörnchen und an einer toten Wacholderdrossel fraßen.

So saß ich jeweils von Mitte April bis Ende Oktober fast Nacht für Nacht allein an der Kamera, häufig geplagt von Erkältungen, Rückenschmerzen und manchmal auch von Hexenschuß. Hätte ich anfangs geahnt, daß sich die Dreharbeiten zu diesem Film auf fast vier Jahre ausdehnen und welche Strapazen auf mich zukommen würden, hätte ich das Thema Igel wohl nie in Angriff genommen. Doch Ehrgeiz und Ausdauer, ohne die kein guter Tierfilm zustande kommt, überwogen. Und nach gelungenen, außergewöhnlichen Aufnahmen waren die vorausgegangenen Anstrengungen nächtelangen Wartens schnell wieder vergessen.

Allerdings habe ich mir schon immer Themen ausgesucht, die eine mehrjährige Drehzeit erforderten. So arbeitete ich z. B. fünf Jahre an einem Wildschweinfilm, sammelte rund sieben bzw. zehn Jahre Material für einen Schmetterlings- und Storchenfilm und drehte in einem vierjährigen Zeitraum an Filmen über Bienen und über Kraniche. Solche langwierigen Produktionen sind natürlich mit enormen Kosten verbunden, besonders mit Materialkosten, die einem während der Drehzeit ständig im Nacken sitzen und psychischen Streß verursachen. Man ist in Sorge, ob überhaupt bzw. wann sich ein Abnehmer für den Film finden wird, damit die langjährigen Investitionen endlich wieder zurückfließen.

Igel sind nicht die ganze Nacht über auf den Beinen. Sie haben bestimmte Perioden, in denen sie aktiv sind. Dazwischen ruhen oder schlafen sie in einem Versteck. Mit Hilfe von Lichtschranken, die ich an verschiedenen Schlaf- und Futterplätzen anbrachte sowie mit speziell dafür entwickelten elektronischen Impulszählgeräten konnte ich die nächtlichen Aktivitäten stündlich registrieren und morgens ablesen. Jahrelange Beobachtungen haben gezeigt, daß Igel am frühen Abend, nach Einbruch der Dämmerung, nach Mitternacht und dann wieder gegen Morgen, vor Sonnenaufgang, also in drei Phasen, jeweils für etwa zwei Stunden aktiv sind. Allerdings gibt es bei den einzelnen Tieren zeitliche Verschiebungen und somit Überschneidungen der Phasen, in denen sie aktiv sind.

Der Geruchssinn spielt beim Igel – wie bei den meisten nachtaktiven Säugetieren – die wichtigste Rolle. Auf seinen nächtlichen Streifzügen spürt er mit der Nase Beutetiere auf, wobei er ihrer Geruchsspur folgt. Während der Nahrungssuche ist die Nase immer feucht. Sie tropft oft vor Erregung, wenn der Igel bestimmte Gerüche wahrnimmt. Neben dem Geruchssinn ist das Gehör das wichtigste Mittel zur Wahrnehmung bzw. zum Auffinden gewisser Beutetiere, z.B. von Insekten. Wie schon erwähnt, ist es äußerst empfindlich, und selbst zahme Igel zucken bei klirrenden, zirpenden, quietschenden oder schmatzenden Geräuschen heftig zusammen. Die Augen des Igels sind dagegen von untergeordneter

Bedeutung. Aufgrund des hervorragenden Stachelschutzes wäre es zwar nicht erforderlich, daß Igel – wie die meisten Säugetiere – nachts auf Beutejagd gehen; da aber ein großer Teil ihrer Nahrungstiere, z. B. Nachtfalter, Schnecken und Regenwürmer nur nachts hervorkommen, mußten sich die Igel entsprechend anpassen.

Der Igel stellt keine besonderen Ansprüche an seinen Lebensraum. Wo er genügend Nahrung findet und trockene Unterschlupfmöglichkeiten vorhanden sind, in denen er seinen Tag- und Winterschlaf halten, die Jungen zur Welt bringen und großziehen kann, findet man ihn sowohl im Flachland als auch in Höhenlagen bis ungefähr 1100 Meter. Ihm genügen kleinste Behausungen, wie Hohlräume unter Feld- und Gartenhäusern, unter Stall- und Scheunenböden, in Stein- oder Holzhaufen, unter Wurzeln oder in hohlen Baumstämmen. Auch in Kaninchenbauen, Felsspalten, Mauerlöchern, in oder unter Reisig-, Laub-, Kompost-, Stroh-, Heu-, Schilf- oder Misthaufen quartiert er sich gerne ein. Sein Nest hat einen, manchmal auch mehrere Ausgänge, die er von innen mit Nestmaterial zustopft. Der Igel verteidigt zwar kein bestimmtes Revier, geht aber seinen Artgenossen – außer in der Paarungszeit – aus dem Weg. Nachts

Igel baut Winterschlafnest.

durchstreift er von seinem Tagunterschlupf aus sein Jagdgebiet, wobei er sich in einem Radius von etwa 250 m bis 350 m um sein Tagschlafnest bewegt. Auffallend ist, daß er auf seinen Streifzügen – zumindest in Siedlungsgebieten – bestimmte „Wechsel" einhält. Dabei läuft er fast immer im Schutz von Hauswänden, Gartenmauern, Zäunen oder Hekken. Kleinere Hindernisse sind für den Igel kein Problem. Er kann seinen Körper so geschickt verformen, daß er sich durch Spalten zwängen kann, die wesentlich schmaler sind als sein Körper. An steilen Böschungen, niedrigen Holzzäunen oder Gartenmauern klettert er gewandt hinauf, und nach unten läßt er sich einfach fallen, wobei er seine Nacken- und Rückenstacheln als Stoßdämpfer benützt.

Der Igel ernährt sich überwiegend von tierischer Kost. Jedoch im Herbst, wenn es ihm in Frostnächten an Nahrungstieren mangelt, deckt er seinen Futterbedarf gelegentlich auch mit süßem Obst und Beeren. Allerdings ist pflanzliche Kost nur eine Zusatznahrung. Ausschließliche Pflanzennahrung würde auf Dauer zu schweren Gesundheitsstörungen führen. Nach dem Bau seines Gebisses hat man ihn unter die Insektenfresser, die Insektivoren, eingeordnet. Zahlenmäßig – jedoch nicht mengenmäßig – überwiegen Insekten in jedem Entwicklungsstadium auf seinem Speisezettel. Durch den Einsatz von chemischen Giften, den Bioziden, in der Land- und Forstwirtschaft sowie in Haus- und Schrebergärten wird ein Teil seiner Nahrungstiere vernichtet, und die, die er noch findet, sind häufig nicht mehr frei von Giften.

Im zeitigen Frühjahr, wenn der Igel noch wenig Auswahl an Nahrungstieren hat, verspeist er in großen Mengen Regenwürmer. Oft dauert es mehrere Minuten, bis er einen größeren Regenwurm der Länge nach unter lautem Knacken und Schmatzen in seinem Maul verschwinden läßt. Auch Schnecken aller Art frißt der Igel sehr gerne. Kleinere Gehäuseschnecken zermalmt er und verzehrt sie mitsamt der Schale. Allerdings ist er nicht in der Lage, die dicke Schale einer Weinbergschnecke ganz aufzuknacken, so daß er den Schneckenkörper nur teilweise fressen kann. Durch den Verzehr von Nacht- und Gehäuseschnecken infiziert sich fast jeder Igel mit Lungenwürmern, denn Schnecken sind Zwischenwirte für die Larven des Igellungenwurms. Trotzdem kann der Igel in freier Natur mit diesen Innenschmarotzern leben. Auf dem Speisezettel des Igels stehen aber auch Käfer aller Art sowie Asseln, Spinnen, Tausendfüßler, gelegentlich die Eier von bodenbrütenden Vögeln, manchmal auch Frösche, Eidechsen, Blindschleichen und in seltensten Fällen sogar Schlangen.

Es wurde immer wieder behauptet, Igel seien nicht in der Lage, Hühnereier zu öffnen. Ich hatte jedoch schon freilebende Igel vor der Kamera, die wahre Spezialisten im Aufknacken von Hühnereiern waren. Einer kam regelmäßig in den Hühnerstall und verspeiste bei mehreren Besuchen oft bis zu drei Eier pro Nacht. Je mehr Eier in der Nestmulde lagen, desto einfacher war es für den Igel, sie zu öffnen, weil sie nicht wegrollen konnten. Seine raffinierte Öffnungstechnik sah so aus: Zuerst schlug er mit den Vorderzähnen des Oberkiefers so lange auf das Ei, bis es etwas aufbrach. Dann führte er die Krallen eines Vorderfußes in die kleine Öffnung und drückte gleichzeitig mit der Schnauze gegen das Ei, so daß es meist in zwei Hälften brach. Um bequemer an den Inhalt zu kommen, nahm er die Eihälften ins Maul, hob sie hoch, wendete sie und konnte nun den ausfließenden Inhalt bequem vom Nestboden auflecken.

Dem Igel wird immer wieder nachgesagt, er sei ein guter Mäusefänger. Er ist aber nicht flink genug, eine gesunde, erwachsene Maus zu erbeuten. Wenn er jedoch eine kranke erwischen kann oder gar eine tote Maus findet, nimmt er sie gerne. Allerdings verschmäht er Spitzmäuse. Dagegen wird Aas vom Igel gerne gefressen.

Unter den Beutetieren des Igels gibt es einige Insekten, die so giftig sind, daß andere Tiere sie nicht fressen, weil sie daran sterben würden. So frißt der Igel oft große Mengen von Maiwürmern und Spanischen Fliegen, die zu den Ölkäferarten zählen und einen giftigen Stoff, das Cantharidin, enthalten, das schon in der antiken Medizin als Gift und Heilmittel bekannt war. Eine winzige Menge von nur 0,03 g Cantharidin wirkt beim Menschen tödlich. Herter beschreibt einen Igel, der von 52 Bienen gestochen wurde, aber keinerlei Beschwerden zeigte. „Blausäure verträgt er in einer Menge, die fünf Katzen in wenigen Minuten tötet, und Wundstarrkrampfgift in siebentausenmal größerer Dosis als der Mensch", berichtet Herter in „Grzimeks Tierleben".

Droht dem Igel Gefahr, kann er sich blitzschnell zu einer wehrhaften Stachelkugel zusammenrollen. Das geschieht so: Ein Muskelpaar zieht die mit rund 6000 Stacheln bewehrte Haut über den Kopf, so daß die Stirnstacheln teilweise über das Gesicht geschoben werden. Ein weiteres Muskelpaar zieht die Haut über das Hinterteil, dann wird die Schnauzenspitze gegen den Schwanz gedrückt. Nun schnürt sich ein ringförmiger Muskel, der entlang der Stachelgrenze um den Igelkörper verläuft, wie ein Tabaksbeutel zu. Dabei dehnt sich die stachelige Rückenhaut so weit nach unten, daß Kopf, Beine und Schwanz vollkommen darin verschwinden. Diese Verwandlung zur Stachelkugel vollzieht sich in Sekundenschnelle. Je größer die Gefahr, desto enger zieht sich der Igel zusammen und sträubt die Stacheln nach allen Richtungen. Es gibt allerdings auch Igel, die sich bei Gefahr nicht „einigeln“, sondern die Flucht ergreifen. Ob es sich dabei um Bequemlichkeit handelt oder ob solche Igel gar abschätzen können, welche Gefahr ein Zusammenrollen rechtfertigt, weiß niemand.

Trotz der außergewöhnlichen Fähigkeit zur Selbstverteidigung hat der Igel einige natürliche Feinde, wie z. B. Uhu, Habicht, Steinmarder, Iltis, Fuchs und Dachs. Uhu und Habicht schlagen die spitzen Krallen ihrer gut gepanzerten Füße in den Igelkörper, ohne sich dabei zu verletzen. Mit dem kräftigen Schnabel reißen sie entweder die Stachelhaut in Streifen oder höhlen den Igel von der Bauchseite her aus. Die Taktik des Igels, sich bei Gefahr – anstatt sich zu verteidigen oder zu fliehen – in eine stachelgepanzerte Kugel zu verwandeln und so den Angriffen von Feinden zu trotzen, hat sich seit Millionen von Jahren bestens bewährt. Jedoch gegen das Automobil versagt diese Methode völlig, und der Igel hält den traurigen Rekord, das am häufigsten überfahrene Säugetier zu sein.

Eine recht eigenartige Verhaltensweise, die außer beim Igel und dem Igeltanrek noch bei keinem anderen Tier beobachtet wurde, ist das Selbstbespeicheln. Findet der Igel einen Gegenstand, dessen Duft ihn reizt (z.B. Zeitungspapier, Leder, Gummi, Seife, Zigarettenstummel, tote Tiere, Schnecken, Regenwürmer, Holzschutzfarbe an Zäunen oder Gartenhäusern), so beleckt oder durchkaut er ihn intensiv. Dabei produziert er schaumigen Speichel. Danach wendet er den Kopf zur Seite oder weit nach hinten und setzt den schaumigen Speichel mit der Zunge in die Stacheln an den Flanken oder am Rücken, in seltenen Fällen auch in die Seitenhaare. Während des Einspeichelns krümmt er sich fast krampfartig, wohl in der Absicht, den Speichel mit der weit ausgestreckten Zunge auch auf die entferntesten Stachelpartien aufzutragen. In dieser verkrampften Stellung kippen viele Igel seitwärts um, was sie aber nicht daran hindert, mit dem Selbstbespeicheln fortzufahren. Manche sind von dieser Prozedur derart besessen, daß sie den Vorgang gleich mehrere Male (bis zu 40mal wurde beobachtet) an ein und derselben Duftquelle wiederholen, wobei sie versuchen, immer neue Stellen auf beiden Seiten des Stachelkleides mit Speichel zu bedecken.

Albino-Igel. Albinismus ist ein angeborener Pigmentmangel, bei dem der Farbstoff in Haut, Haaren, Stacheln und Augen fehlt.

In vielen Fällen genügen auch Gerüche, wie z. B. Lackgeruch oder Zigarrenrauch, um das Selbstbespeicheln auszulösen. Mit schräg nach oben gereckter Nase und hochgezogener Oberlippe (flehmen) schnuppert der Igel die Gerüche ein und produziert dabei den schaumigen Speichel. Selbstbespeicheln ist ein angeborenes Verhaltensmuster, und die Jungen beginnen damit schon im Alter von 14 Tagen. Es hat schon vielen Igeln gekostet, weil man das Selbstbespeicheln irrtümlich für Tollwut hielt. Über den Grund des Bespeichelns gibt es zahlreiche Deutungen, jedoch bis heute keine plausible Erklärung. Nach Poduschka und Firbas (1968) muß der Igel, sobald er einen Geruch identifiziert hat, seinen Gaumen und die Mundhöhle mit dem schaumig gekauten Speichel rasch durchspülen, weil dieser nun mit Reizträgern angereichert ist, und das Jacobsonsche Organ zur Aufnahme neuer Geruchs- und Geschmackseindrücke gereinigt werden muß. Diese Erklärung ist nicht befriedigend. Viele andere Tiere haben ein ebenso stark ausgebildetes Jacobsonsches Organ, aber sie bespeicheln sich – außer dem Igeltanrek – trotzdem nicht. Wenn es biologisch notwendig wäre, daß der Igel seinen „Riechkanal" nach der Wahrnehmung eines Geruches oder Geschmackes reinigt, warum sollte er dann den Speichel in einer anstrengenden Aktion ausgerechnet auf die Stachelpartien auftragen? Wäre es für ihn nicht einfacher, den schaumigen Speichel auf den Boden abzusetzen? Daß der Igel nach Aufnahme eines Geruches oder Geschmackes seinen Riechkanal reinigt, so daß dieser für neue Wahrnehmungen wieder voll einsatzfähig ist, leuchtet ein. Daß er aber die Selbstbespeichelungsprozedur mit ein und demselben „Stoff" oft zwanzigmal und öfter wiederholt, gibt der Erklärung von Poduschka und Firbas keine Logik. Warum sollte der Igel seinen Gaumen und die Mundhöhle von einem bestimmten „Stoff" reinigen, um sich gleich anschließend mit demselben wieder zu „verunreinigen"?

Auch Deutungen anderer Autoren sind unbefriedigend. Manche vermuten, daß der Igel mit den giftigen oder übelriechenden Stoffen seine Außenparasiten vertreiben will. Pat Morris ist der Ansicht, Igel würden auf diese Weise anderen Tieren ihrer Gattung ihr Vorhandensein und ihre Gebietsansprüche verkünden oder gar einen Gefährten anlocken. Kein Tier, auch nicht der Igel, markiert sein Revier mit fremden Duftstoffen und schon gar nicht am eigenen Körper. Mit immer wechselnden Gerüchen im Stachelkleid lassen sich auch keine Artgenossen anlocken. Eine Reviermarkierung, wie man sie z.B. von Keilern während der Rauschzeit kennt, soll ja bei Artgenossen eine artspezifische, gleichbleibende Wahrnehmung auslösen. Dieser Theorie der Reviermarkierung widerspricht auch die Tatsache, daß sich zwei Wochen alte Igelbabies bereits im Nest selbst bespeicheln. Herter vermutet, und dieser Vermutung schließe ich mich an, daß der Igel durch das Selbstbespeicheln seinen Eigengeruch überdekken und sich der Umgebung anpassen will, so daß er von Feinden schwerer aufzuspüren ist. Die Geruchsanpassung an die Umwelt wäre neben den Stacheln ein weiterer effektvoller Schutz und somit die sinnvollste Erklärung dieses Phänomens.

Die Paarungszeit erstreckt sich – abhängig von der Witterung – von Mitte Mai bis Anfang August. Treffen zwei oder mehr Männchen auf ein Weibchen, kommt es zu Auseinandersetzungen zwischen den Rivalen. Dabei versuchen die Kontrahenten, sich mit gesträubten Stacheln zu unterlaufen, den Gegner zu boxen oder gar in die ungeschützten Flanken oder in den Bauch zu beißen. So ist gewährleistet, daß sich meist nur kräftige und gesunde Männchen fortpflanzen können.

Nach einer Tragzeit von rund 34 Tagen kommen die Jungen zwischen Ende Juli und Anfang September zur Welt. Freilebende Igel haben bei uns nur einmal im Jahr Junge. Bei den Jungen, die man häufig noch im Spätherbst findet, handelt es sich also nicht – wie seither irrtümlich angenommen – um Zweitwürfe, sondern um Spätwürfe. Die Jungen kommen blind und taub zur Welt. Während der Geburt sind die weißen Erstlingsstacheln in die aufgequollene Rückenhaut gedrückt, damit sie die Mutter nicht verletzen. Gleich nach der Geburt suchen die Jungen die Zitzen am Bauch der Mutter, um zu saugen. Igelmütter reagieren sehr empfindlich, wenn man sie mit ihren Babies stört. In solchen Fällen verschleppen sie die Jungen an einen anderen Ort oder fressen sie manchmal sogar auf. Im Alter zwischen 14 und 18 Tagen öffnen sich die Augen und die Gehörgänge der Jungen, und wenn sie drei bis vier Wochen alt sind, brechen ihre Milchzähne durch.

Nach meinen Beobachtungen haben Jungigel frühestens am 26. Lebenstag das Nest zu kurzen Ausflügen mit der Mutter verlassen. Häufig kommen sie auch am Tag heraus, während die Igelmutter schläft. Deshalb darf man nicht gleich jedes Igelbaby, das man tagsüber findet, aufnehmen. Die Kleinen finden nämlich – wenn man sie nicht stört – wieder selbst ins Nest zurück. Bei ihren gemeinsamen nächtlichen Streifzügen werden die Jungen zwar von der Mutter geführt, doch jedes muß selbständig nach Nahrung suchen. Bis etwa zum 40sten Lebenstag werden sie noch zusätzlich gesäugt, und wenn sie zwischen sieben und acht Wochen alt sind, gehen sie ihre eigenen Wege. Die Jungen nehmen täglich durchschnittlich sechs Gramm an Körpergewicht zu.

Da der Igel überwiegend tierische Nahrung zu sich nimmt, kann er keinen Wintervorrat anlegen, weil dieser verderben würde. Er hat aber die Fähigkeit, den Winter in einem schlafähnlichen Zustand zu überstehen. Im Spätherbst sucht er einen geschützten Platz, wo er sich ein warmes Nest aus Laub, Gras und Moos für den Winterschlaf baut. Hier durchschläft er die kalte Jahreszeit ohne Unterbrechung. Je nach Witterung beginnt er mit dem Winterschlaf ca. Mitte November/Anfang Dezember und wacht – ebenfalls witterungsabhängig – zwischen Ende März und Mitte April wieder auf. Während des Winterschlafs sind alle Lebensvorgänge stark verlangsamt oder ganz ausgeschaltet (Bewegung, Verdauung, Wachstum). Die Körpertemperatur an der Hautoberfläche beträgt nur +1,3 bis 2,2 °C.

Mit einem speziell für den Igel adaptierten Herzfrequenzmonitor, den mir die Firma Hellige zur Verfügung stellte, führte ich an zehn verschiedenen winterschlafenden Igeln Messungen durch. Dabei hat sich meine

Vermutung bestätigt, daß die bisher in vielen Schul- und Igelbüchern angegebene Herzfrequenz von 18 bis 20 Schlägen pro Minute um 100% zu hoch ist. Sofort nach dem Anbringen der Elektroden hatten zwar alle Igel eine Herzfrequenz von 18 bis 20 Schlägen pro Minute, jedoch 10 bis 15 Minuten später, nachdem sich die Igel wieder „beruhigt" hatten, sank sie auf 8 bis 9 Schläge pro Minute. Die Herzschläge folgten in sehr unregelmäßigen Intervallen. Alle Igel hatte ich 15 Minuten lang gemessen. Fünf der zehn Igel hatten eine durchschnittliche Herzfrequenz von 8, die übrigen von 9 Schlägen pro Minute. Bei Berührung der Stacheln oder der Haut bewirkt das vegetative Nervensystem die Ausschüttung des Streßhormons Adrenalin, das dann vorübergehend die Herzfrequenz ansteigen läßt und zu Fehlergebnissen bei der Herzfrequenzmessung führt.

Auch die Atmung ist während des Winterschlafs stark verlangsamt. Der Igel atmet durchschnittlich drei- bis viermal in der Minute, und in unregelmäßigen Abständen unterbricht er die Atmung für ein bis zwei Minuten ganz. Während des Winterschlafs zehrt der Igel von seinen Fettreserven, die er unter der Rückenhaut gespeichert hat. Dabei unterscheidet man weißes und braunes Fett. Während das weiße Fett zur Energieversorgung aller Körperfunktionen dient, ist das braune Fett eine Art Heizkissen, das bei Bedarf die Körpertemperatur rasch ansteigen lassen kann (z.B. Weckreiz bei zu starker Abkühlung). Jungigel verlieren während des Winterschlafs ungefähr 25% ihres ursprünglichen Körpergewichts, erwachsene Igel dagegen nur rund 21%. Der kleinste von 13 Jungigeln, die ich im strengen Winter 1984/85 im Freien überwinterte, wog zu Beginn des Winterschlafs nur 350 g. Während des Winterschlafs verlor er nur 40 g, also nur rund 12% seines ursprünglichen Körpergewichts.

Das Erwachen aus dem Winterschlaf ist mit stürmischen Stoffwechselprozessen verbunden, dabei spielt ebenfalls Adrenalin als „Weckhormon" eine wichtige Rolle. Während des Erwachens aus dem Winterschlaf habe ich bei mehreren Igeln Messungen der Herz- und Atemfrequenz durchgeführt. Ein Igel erreichte nach $4^{1}/_{2}$ Stunden mit 325 Herzschlägen und 72 Atemzügen pro Minute seine maximalen Werte, ein anderer brachte es schon nach $3^{1}/_{4}$ Stunden auf 326 Herzschläge bei nur 14 Atemzügen. Mit zunehmender Herzfrequenz steigt auch die Körpertemperatur, und der Igel entrollt sich allmählich. Frühestens eine Stunde nach Beginn des Aufwachprozesses reagierten die Igel auf akustische Signale, z.B. auf Händeklatschen. Bei fast allen Igeln trat diese Reaktion kurz vor Beginn des allmählichen Entrollens ein, frühestens bei einer Körpertemperatur von 16,4 °C, spätestens bei 28,3 °C, digital an der Haut gemessen.

Igel sind ganzjährig geschützt. Das Suchen oder wahllose Einsammeln von Igeln zur Überwinterung im Haus ist verboten. Durch falschverstandene Tierliebe und mangelndes Wissen übersteht ein Großteil die Betreuung in menschlicher Obhut nicht, und zahlreiche Igel müssen alljährlich in Gefangenschaft qualvoll und unnötig sterben. Entgegen landläufiger Meinung sollte auch das Verabreichen von Milch unbedingt unterbleiben, denn Milchzucker eignet sich nicht für das Verdauungssystem des Igels und führt deshalb zu Durchfall und ähnlichen physiologischen Störungen.

Igel dürfen nicht vor dem 1. November aufgenommen werden und auch dann nur, wenn sie weniger als 500 Gramm wiegen oder wenn sie nachweislich krank oder verletzt sind. Während der Überwinterung müssen sie in bezug auf Unterbringung, Futter und Pflege streng artgerecht gehalten werden und sind im Frühjahr nach den Eisheiligen (Mitte Mai) möglichst in der Nähe des Fundortes wieder freizulassen.

Jahrmillionen hat der Igel ohne menschliche Hilfe in einer naturbelassenen Landschaft überlebt. Durch die zunehmend schlechteren Umweltbedingungen ist auch der Igel bedroht. Unsere Hilfe sollte aber in erster Linie darauf abzielen, den Igel als Wildtier zu erhalten. Wichtiger als gutgemeinte Überwinterungshilfen ist daher die Schaffung und Erhaltung geeigneter Lebensräume. Weniger Gift im Garten und nicht jede Ecke aus- und aufgeräumt, dafür mehr Sträucher, Reisig, Laub, Kompost und sonstige Unterschlupfmöglichkeiten, wären für den Igel – und gleichzeitig für andere Lebewesen – eine wesentliche Hilfe zum Überleben.

Affen als Lebenskünstler in den Baumkronen

Michael Herzog und Konrad Wothe

Wanderu – Der Affe mit der Löwenmähne

Unter allen Säugetieren haben sich die Primaten im Verlauf ihrer 60 Millionen Jahre dauernden Stammesgeschichte am erfolgreichsten an das Leben in der luftigen Höhe der Baumkronen angepaßt. Als Nachfahren von spitzmausähnlichen Insektenfressern entwickelten sie dabei besondere Fähigkeiten; wie zum Beispiel das räumliche Sehen und das Farbensehen zur besseren Erkennung von Nahrung oder Feinden im Labyrinth der Blätter. Ihr ausgezeichneter Gleichgewichtssinn und die Greiffähigkeit der Hände und Füße erlauben ihnen, sich mit oft akrobatisch anmutender Geschicklichkeit durch das Astwerk zu bewegen.

Primaten verfügen über die leistungsfähigsten Gehirne, die wir im Tierreich kennen. Das ermöglicht vielen der heute lebenden rund 200 Arten, ihre Alltagsprobleme bis zu einem gewissen Grad zielgerichtet und einsichtig, also auch nach menschlichen Maßstäben „intelligent" zu lösen; wenn sie etwa durch gezielten Werkzeuggebrauch neue Nahrungsquellen erschließen oder sich mit wirkungsvollen Verteidigungsstrategien im Kollektiv gegen Angriffe ihrer Feinde zur Wehr setzen. Einmal erlernte Neuerungen im Verhaltensinventar gehen mit dem Tod eines Individuums nicht notwendigerweise wieder verloren, häufig werden sie sehr bald durch Beobachten und spielerisches Nachahmen vor allem von den jüngeren Mitgliedern der Affenhorde übernommen.

Die Weitergabe „innovativer" Verhaltensweisen von einer Generation zur nächsten versetzt Affenpopulationen in die Lage, sich schneller und

➢
Porträt eines männlichen Wanderu. Foto: Konrad Wothe

flexibler auf veränderte Umweltsituationen einzustellen, als es anderen Säugetieren möglich ist. Nur an eine höchst neuzeitliche und rigorose Veränderung ihrer Umgebung werden sich die meisten Primaten nicht anpassen können: an die fortschreitende Vernichtung ihres Lebensraumes durch den Menschen. In den letzten 40 Jahren ist bereits die Hälfte der tropischen Regenwälder der Brandrodung und Abholzung zum Opfer gefallen, ein beispielloser Raubbau, der in jeder Minute weitere 10 Hektar Urwald verschlingt und zahllose Wildtiere ihrer Existenzgrundlage beraubt. Als Anfang der siebziger Jahre Wissenschaftler weltweit darangingen, den Primatenbestand genauer zu erfassen, stellte sich für viele Arten eine alarmierende Bilanz heraus. Etliche spezialisierte Baumaffen mit einem eng begrenzten Verbreitungsraum haben nur geringe Chancen, das Ende dieses Jahrhunderts zu erleben.

Ein typisches Beispiel ist das Schicksal des Wanderus *(Macaca silenus)*, dessen Restbestand in den Bergregenwäldern Südindiens mit 800 Tieren vielleicht noch zu hoch eingeschätzt wird. Zweifellos gehört der Wanderu zu den geheimnisvollsten Baumbewohnern der nebelverhangenen Waldschluchten des Nilgirigebirges. Von vielen hier ansässigen Bergstämmen wird er – vielleicht wegen des menschenähnlichen Klangs seiner Stimme – als weiser Waldgott verehrt, von anderen seit Menschengedenken erbarmungslos gejagt, weil man seinem Blut magische Heilkräfte zuschreibt. Um mit Karium Karangu Rasayanam, der „Schwarze-Affen-Medizin" einträgliche Geschäfte treiben zu können, machen sich die Jäger nicht immer die Mühe, nach den selten gewordenen Wanderus zu suchen. Oft schießen sie kurzerhand Nilgirilanguren *(Presbytis johnii)*, sprunggewaltige Schlankaffen, die mit ihrem schwarzen Fell und der hellbraunen Fellkapuze den Wanderus immerhin so ähnlich sehen, daß nur wenige der heilungssuchenden Käufer der „Affenmedizin" den Betrug bemerken. Ohnehin bekommen selbst die alteingesessenen Bewohner der Bergdörfer die scheuen Wanderus kaum jemals zu Gesicht; nur einige Honigsammler und Wilderer kennen ihre letzten Rückzugsgebiete in schwer zugänglichen Hochtälern.

Als wir zu unserer Filmexpedition in das Nilgirigebirge aufbrechen, haben nur wenige Ausländer freilebende Wanderus gesehen, geschweige denn fotografiert. Da sich in der Fachliteratur keine genauen Ortsangaben über das Vorkommen des Wanderus finden lassen, beschließen wir, systematisch alle in Frage kommenden Regenwaldareale, die inselartig 600 km weit über das Nilgirigebirge verteilt sind, zu bereisen. Wir setzen unsere

Hoffnung bei der Suche auf einige im Zoo aufgenommene „Fahndungsfotos" vom Wanderu. Die Nahporträts des schwarzen Makaken mit der würdevollen silbergrauen Löwenmähne sollen unsere Umfrage bei der einheimischen Bevölkerung erleichtern.

Anfang Oktober fahren wir in brütender Hitze durch den indischen Bundesstaat Tamil Nadu in Richtung auf das Nilgirigebirge. Je weiter wir nach Süden vorankommen, um so trostloser wirkt die wüstenartige Landschaft. Aus rostroten, verkrusteten Sandflächen ragen vereinzelt windzerzauste Grüppchen der zähen Palmyrapalmen. An die ehemaligen Reisfelder erinnern nur noch Mosaike aus geometrisch angeordneten, staubtrokkenen Lehmbecken. Mit vielen Gesten und wenigen englischen Sprachbrocken erklären uns arbeitslose Reisbauern das ganze Dilemma: Seit zwei Jahren ist im Distrikt von Tirunelveli kein Tropfen Regen gefallen, der herbstliche Nordost-Monsun blieb aus. In diesem Jahr aber käme die Regenzeit bestimmt, sagen sie und deuten immer wieder triumphierend auf die dunkelgrauen Wolkentürme über der scharf abgesetzten Gebirgssilhouette.

Noch während unser betagter Mietwagen mit brodelndem Kühlwasser die Serpentinen des Vorgebirges erklimmt, erscheint uns die Vorstellung von immergrünen Bergwäldern angesichts der verdorrten Strauchvegetation reichlich utopisch. Erst in den Tälern oberhalb von 1000 Meter Höhe ändert sich das Bild schlagartig. Grüner Hochwald beginnt; Cycasstauden und Baumfarne säumen den Weg, und bald haben wir die erste Orchidee entdeckt. Nach der Hitze im Flachland genießen wir die angenehm kühle, würzig duftende Luft.

Das erste Reiseziel ist Kalakad, ein Forstreservat im südlichsten Gebirgsausläufer, nahe der Spitze der indischen Halbinsel Kap Comorin. Zu unserer Enttäuschung stoßen wir mitten im Reservat auf Holzfäller-Camps; zur Einrichtung von Cardamom- und Pfefferplantagen wird der Unterwuchs mitsamt den jungen Bäumen gerodet. Nur die alten Bäume bleiben als Schattenspender für die empfindlichen Nutzpflanzen stehen. Ein ortskundiger Forstarbeiter beteuert lebhaft, uns zu den auf den Fotos gezeigten Affen führen zu können, doch jedesmal, wenn er nach stundenlanger Suche stolz in die Baumkronen deutet, handelt es sich um Nilgirilanguren. Zwar freut uns der Anblick der elegant durch das Geäst turnenden Languren, dennoch entlassen wir unseren Führer nach der vierten Fehlmeldung dieser Art vorzeitig aus seinen Diensten und machen uns selbständig auf die Suche.

Auf schmalen Pfaden oder durch wegloses Pflanzengewirr geht es bergauf und bergab, bis wir abends enttäuscht zum Camp zurückkehren. Keine 100 Meter vor der Siedlung werden wir auf ein dumpfes Fallgeräusch aufmerksam, das uns neugierig macht. Ganz in der Nähe finden wir den Boden unter einem wildwachsenden Mangobaum übersät mit reifen, zum Teil angebissenen Mangofrüchten. Zwei weitere Früchte fallen aus der dichtbelaubten Baumkrone, und im letzten Dämmerlicht zeichnen sich gerade noch die Schattenrisse von drei Wanderus ab, die eilig das Weite suchen. Auf unseren Streifzügen durch die steilen Waldhänge von Kalakad begegnen wir wiederholt kleinen Wanderugruppen, aber jedesmal flüchten die Tiere schon auf große Entfernung und lassen uns keine Chance, ihnen mit der Filmausrüstung zu folgen.

Wir beschließen, unseren Standort in das 30 km nördlich von Kalakad gelegene „Mundanthurai Wildlife Sanctuary" zu verlegen. In dem 567 km^2 großen Wildschutzreservat könnten wegen des strengen Jagdverbots weniger scheue Wanderus leben. Am Eingang zum Schutzgebiet werden wir gleich zweimal empfangen: Zunächst thront ein bedrohlich dreinblikkender Grauer Langur *(Presbytis entellus)* auf einem Felsen neben der Zufahrtstraße. Als wir näherkommen, galoppiert er mit weiten Sprüngen auf das Auto zu. Unser indischer Fahrer Chandaran, der schon mehrmals betont hat, daß er Tiere nicht leiden kann, steuert mit eiserner Miene geradewegs auf den Languren zu. Durch einen Riesensatz rettet sich dieser zur Seite, wirbelt aber noch im Sprung herum und schnappt mit seinem furchterregenden Gebiß nach dem Arm des Beifahrers – zum Glück vergeblich. Wie wenig später zu erfahren ist, hat er die Attacke in gerechtem Zorn begangen, denn Chandaran hat gewissermaßen ein Naturrecht gebrochen. Seit jeher fordert die hier lebende Langurengruppe von allen Vorbeifahrenden einen Tribut für freie Passage. Vor allem Fußgänger und Radfahrer tun gut daran, ein paar Früchte oder Biskuits als Wegezoll mitzuführen, um unbehelligt davonzukommen. Gewiß zählt es zu den ewigen Mysterien indischer Lebensphilosophie, daß all die Menschen, die jeden Languren mit wütenden Steinwürfen von ihrem Ackerland vertreiben, dieselben als heilig geltenden Affen auf neutralem Boden nicht nur als Wegelagerer tolerieren, sondern bereitwillig füttern.

Der zweite und eigentliche Empfang beim Direktor und obersten Forstverwalter von Mundanthurai ist sehr freundlich. Mr. Rangaswami weist uns persönlich ein in das komfortable Quartier im Forest Resthouse, einer säulenverzierten Villa im viktorianischen Kolonialstil, die malerisch in den Galeriewald am Ufer des Tambaravarani-Flusses eingebettet liegt. Während wir das Gepäck im Haus verstauen, dringen tamilische Flüche und lautes Poltern aus dem benachbarten Küchengebäude. Drei Hutaffen *(Macaca radiata)* springen, hart bedrängt vom Besen des Kochs, zur Tür heraus; ein vierter stopft sich blitzschnell eine Handvoll gekochten Reis in die schon prall gefüllten Backentaschen, bevor er durch das Fenster flüchtet. „Die Hutaffen sind notorische Einbrecher", erklärt Mr. Rangaswami schmunzelnd und warnt uns davor, während unserer Abwesenheit Fenster oder Türen offenstehen zu lassen.

Die mehrtägigen Erkundungsfahrten durch das weitläufige Reservat führen zu den gleichen betrüblichen Erfahrungen wie bei früheren Reisen in andere Regionen Südindiens. Ehrgeizige wirtschaftliche Entwicklungsprogramme der Landesregierungen von Tamil Nadu und Kerala konzentrieren sich zunehmend auf die „Erschließung" der Nationalparks und sonstigen Naturschutzgebiete. Allein in Mundanthurai gibt es zwei große Wasserkraftwerke, ein drittes ist im Bau; Stauseen überfluten die ursprünglich ökologisch wertvollsten Talbereiche, die sogenannten Sholas. Nur an solchen Standorten aber wachsen die seltenen Cullenia-Bäume, deren grüne Stachelfrüchte die Hauptnahrung des Wanderus darstellen. Rund 3000 Arbeiter der Elektrizitätsgesellschaft, die zum größten Teil im Reservat in einfachen Hüttensiedlungen leben, und der ständige Lärm der Baufahrzeuge verursachen zwangsläufig so starke Störungen, daß sich die meisten Wildtiere wie Muntjaks, Sambar- und Axishirsche nur noch nachts zur Äsung aus dem Dickicht wagen.

In der südlichen Hälfte des Schutzgebiets bestimmen Tee- und Cardamomplantagen das Landschaftsbild. Für ein Heer von Holzfällern und Teepflückern sind etliche Siedlungen entstanden, mit Basar, Kino, Schulen und – für die Manager der staatlichen Teegesellschaft – weitläufigen Golfplätzen nach englischem Muster. Vom ursprünglichen Regenwald blieben nur schmale Streifen stehen, wo er als Windschutz oder Schattenspender für die Pflanzungen von Nutzen ist.

Wiederholt durchstreifen wir im Bereich der Cardamom-Plantagen die Waldhänge eines tief eingeschnittenen Flußtals, die wohl nur wegen der zu steilen Hangneigung von der Rodung verschont blieben; hier sind uns Cullenia-Bäume mit reifen Früchten aufgefallen. Eines Morgens dringen aus dem aufsteigenden Nebel die sanften Kontaktrufe von Wanderus, die von weitem wie Kinderstimmen klingen. Nur schwach heben sich die Laute gegen das Rauschen der Stromschnellen im Fluß ab, doch wir können die Gruppe mit ihrer Hilfe orten. Sieben Wanderus sitzen ca. 30 Meter hoch in einem Prachtexemplar von *Cullenia excelsa*, jedes Tier hält eine der grünen Stachelfrüchte in den Händen und kaut genüßlich daran. Aus herabgefallenen, schon geöffneten Fruchtkapseln bedienen auch wir uns. Die Kostprobe fällt enttäuschend aus, wäßrig und leicht bitter ist der Geschmack der nußähnlichen Kerne. Nach einer ausgiebigen Mahlzeit steigt der ausgewachsene Wanderumann und Hordenführer gemächlich in die Baumspitze. Beim Anblick seiner majestätischen Bewegungsweise, der ausladenden Kopfmähne und der Schwanzquaste verstehen wir, warum ihn die Tamilen Singhalam, den „Löwenaffen", nennen. Oben angekommen, postiert sich das Männchen auffällig auf einem freistehenden Ast und brüllt eine unglaublich laute Serie von tiefen und rauhen Rufen heraus. Wie in 20 Jahre alten Berichten nachzulesen ist, lieferten sich die damals noch zahlreichen Wanderugruppen jeden Morgen regelrechte Brüllduelle, mit denen sie vermutlich den Anspruch auf ihr Nahrungsrevier geltend machten. Dieses Mal kommt aus keiner Himmelsrichtung Antwort; statt dessen nähern sich einige nur mit Handtüchern bekleidete Plantagenarbeiter und steigen lachend den schmalen Pfad zum Fluß hinab. Als wir wieder hochschauen, haben sich die Wanderus bereits stillschweigend aus dem Staub gemacht. Haben sie unter den Einheimischen einen Wilderer wiedererkannt?

Bei der Rückkehr zum Forest Resthouse erwartet uns die zweite Überraschung des Tages. Sie kündigt sich zunächst nur durch ein winziges Indiz an: Aus dem Mundwinkel eines im Vorgarten sitzenden, höchstens zweijährigen Hutäffchens baumelt ein Faden mit einem bunten Papierschnipsel, der bei genauerem Hinsehen unschwer als Etikett eines Kamillenteebeutels aus unserer Reiseapotheke erkennbar ist. Daß etwas Schlimmes passiert sein muß, bestätigt sich gleich darauf in Gestalt einiger Hutaffen, die innen am Fenstergitter unseres Quartiers hängen und ängstlich greinend herausblicken. Noch bevor wir die Eingangstür halb geöffnet haben, stürzt eine ganze Meute von dickbäuchigen Hutaffen zum Türspalt und saust zwischen unseren Beinen hindurch ins Freie. Im Haus herrscht ein einziges Chaos.

Erst nach längerer Inspektion können wir den entstandenen Schaden abschätzen und den Hergang des Einbruchs rekonstruieren: Die Affen hatten sich durch ein Loch im Fliegendrahtgitter gezwängt, waren zwischen Gitter und Fenster zur Lüftungsklappe gerutscht, um dort durch den nur handbreiten Spalt ins Innere zu gelangen. Dann muß eine wahre

Schlacht um den Inhalt des Reistopfes entbrannt sein, in deren Verlauf ausgerechnet unser neues Tonbandgerät vom Tisch fiel und auf dem Steinfußboden zu Bruch ging. Der schwere Henkeltopf selbst liegt zerbeult auf einem der Betten, inmitten eines unbeschreiblichen Durcheinanders von allem, was vordem als Verpackung für die Lebensmittelvorräte diente. Aus der Reiseapotheke fehlen – neben den Kamillenteebeuteln – auch alle in Papier verpackten Medikamente, hauptsächlich Tabletten gegen Kopfschmerzen und Magendrücken. Beides hätten wir jetzt selbst dringend brauchen können! Nach der ausschweifenden Mahlzeit waren die größeren Hutaffen verständlicherweise nicht mehr in der Lage, sich durch die enge Fensteröffnung zu zwängen, und saßen bis zu unserer Rückkehr fest.

Zum Glück zeigen die in Mundanthurai noch häufigen Nilgirilanguren eine viel zurückhaltendere Natur als die Hutaffen. Sie haben es nicht nötig, sich an den Vorräten anderer zu vergreifen. Als reine Blätterfresser sitzen sie buchstäblich auf ihrer allerdings schwerverdaulichen Nahrung, die sie nur mit Hilfe spezieller Bakterien in ihrem gekammerten Magen verarbeiten können. Mit der Zeit gewöhnen sich einzelne Gruppen der scheuen Languren an unsere Gegenwart, und wir erhalten Einblick in ihr zurückgezogenens Leben im Dachgeschoß des Waldes. Gerade ist Nachwuchs zur Welt gekommen. Scheinbar um ihre Schutzbedürftigkeit zu signalisieren, tragen die Neugeborenen ein leuchtend rotes Fell, das sich erst nach sechs Monaten zum schwarzen Fell der Erwachsenen umfärbt. In der 40 oder 50 Meter hoch gelegenen Kinderstube sind die Jungtiere besonders gefährdet, wenn sie ihre ersten noch unbeholfenen Kletterpartien unternehmen. Die Mütter sorgen mit äußerster Wachsamkeit dafür, daß es nicht zum Absturz des Langurenkinds kommt. Immer wieder fasziniert uns die Eleganz der sechs, acht oder zehn Meter weiten Sprünge, mit denen die Languren traumwandlerisch sicher von einem Baum zum nächsten überwechseln.

Für uns wird es Zeit, Abschied von Mundanthurai zu nehmen und weiter zu suchen nach weniger menschenscheuen Wanderus, die bereit sind, die Hauptrolle in unserem Film zu spielen. Zwei Monate dauert unsere Odyssee von einer Regenwaldinsel zur nächsten, kreuz und quer durch das endlos scheinende Meer der Teefelder. Erst 400 Kilometer weiter im Norden finden wir in den Anaimalai-Bergen das, worauf wir nicht mehr zu hoffen wagten: ein „Shangri-La" für Wanderus.

In diesem abgeschiedenen Stück Regenwald leben nicht nur mehrere intakte Wanderugruppen mit 18 und mehr Mitgliedern, sondern vom Riesenhörnchen bis zum Elefant, vom Blauflügelsittich bis zum Nashornvogel alle Tierarten, die in der Faunenliste Südasiens einen Namen haben. Selbst Tigerspuren entdecken wir im sandigen Flußufer.

Die Wanderus verbringen lange Stunden wie träumend zwischen Bromelien, Farnen und Orchideen und lassen sich auf ihrem luftigen Sitz vom Wind schaukeln. Geruhsam wählen sie aus dem Überfluß der reifen Früchte und Beeren die besten aus, gehen auch mal auf den Boden herab, um einen besonders großen Pilz zu pflücken. Unser Erscheinen veranlaßt den Wanderumann zu einer lautstarken Demonstration seiner Stimmgewalt, danach kümmert sich die Gruppe nicht mehr um uns. Viel zu sehr sind die Wanderus mit ihrem regen Familienleben beschäftigt, das sie hier – endlich, endlich – ohne Scheu vor der Kamera ausbreiten.

Michael Herzog und Sara Meyer

Das Affenvolk von Corcovado

Nur mit einem robusten Sportflugzeug ist der Corcovado Nationalpark auf der Halbinsel Osa, im Süden Costa Ricas, zu erreichen. Im Schutz tückischer Felsriffe, die der Pazifikküste vorgelagert sind, und nasser Regenwaldschluchten, die den Zugang vom Festland her erschweren, konnte sich auf der Halbinsel eine in Mittelamerika einzigartige Fülle von Pflanzen- und Tierformen erhalten. Was sich aus der Vogelperspektive wie ein grüner Teppich mit kleinen Webfehlern ausnimmt, ist der geschlossene Baldachin, den die Kronen von mehr als 500 hier wachsenden Baumarten bilden – gespeist von 4000 bis 6000 mm Niederschlag jährlich. Nur Flußläufe durchschneiden die giftgrüne Vegetation, in der 300 Vogelarten und nicht weniger als 120 verschiedene Amphibien und Reptilien leben. Unter den 140 Säugerarten finden sich auch die vier mittelamerikanischen Vertreter der Neuweltaffen, denen unser ganz besonderes Interesse gilt.

Kaum eine Stunde liegt die Hauptstraße San José mit all ihrem Lärm, der Hektik und den Autoabgasen hinter uns, als die enge Waldschneise neben der biologischen Station „Sirena" vor uns auftaucht. Wir hören Tukanrufe und das Geschrei aufgeschreckter Papageien, noch während die kleine Versorgungsmaschine auf der welligen Graspiste ausrollt, in die Blattschneiderameisen ihre Transportstraßen gefräst, Weißbartpekaris und anderes Wild ihre Wechsel getrampelt haben. Wie zu unserer Begrüßung ertönt aus den umliegenden Waldhängen der schaurigschöne Chorgesang mehrerer Brüllaffengruppen. Noch gerade rechtzeitig ist die Ausrüstung in der Station verstaut, bevor ein Gewitterguß unvermittelt herunterprasselt.

Früh am nächsten Morgen brechen wir schwerbepackt zu einer verlassenen Guavenpflanzung mitten im Urwald auf, die uns in den nächsten Wochen als Stützpunkt für die geplante Filmarbeit dienen soll. Der knöcheltief aufgeweichte Fußpfad führt durch urweltliches Pflanzendickicht, aus dem einzelne Baumriesen wie monumentale Säulen emporragen – der größte Kapokbaum der Region mißt 80 Meter Höhe! Es dauert einige Zeit, bis wir uns an die stickig warme Treibhausluft gewöhnt haben; Ferngläser und Objektive beschlagen, sobald wir sie aus der Tasche ziehen. Im Dämmerlicht des Unterwuchses leuchten die überdimensionalen roten Blüten, mit denen Passionsblumen, Ingwergewächse und Heliconia-Wildbananen Kolibris zur Bestäubung anlocken. Rot wirkt offensichtlich am anziehendsten auf Kolibris, denn nur an Blüten dieser Färbung bekommen wir sie vor die Kamera.

Die erste Begegnung mit Affen läßt nicht lange auf sich warten. Ein kleinerer Trupp von Roten Klammeraffen *(Ateles geoffroyi)* hangelt mit akrobatischer Leichtigkeit heran und versammelt sich unter lautem Johlen und Keckern direkt über unseren Köpfen – aber nur, um sofort wie wild an den Ästen zu rütteln, so daß wir eine Gratisdusche aus dem noch tropfnassen Blattwerk abbekommen. Ein halberwachsenes Männchen versucht sogar, dieser Attacke mit einem gezielten Harnstrahl noch Nachdruck zu verleihen; ein Verhalten, das viele Baumaffen gegenüber Eindringlingen in ihr Nahrungsrevier zeigen. Wir kapitulieren denn auch vor so viel Übermut und setzen unseren Weg rasch fort.

In einer dicht mit Farnen und Moospolstern überwucherten Baumkrone hat eine Familie von Mantelbrüllaffen *(Alouatta palliata)* einen bequemen Ruheplatz gefunden. Die Augen halb geschlossen, dösen die phlegmatischen Tiere in der noch milden Morgensonne. Mit einem Gewicht von sechs bis neun Kilogramm gehören sie zu den schwergewichtigsten Affen Lateinamerikas; hastige Bewegungen oder gar Sprünge vermeiden sie nach Möglichkeit. Als die Sonne höher steigt, zieht sich die Gruppe in dichteres Laubwerk zurück. Ein erwachsenes Weibchen baumelt einige Zeit kopfunter am Greifschwanz, bevor es sich in tieferliegende Zweige fallen läßt.

Erst jetzt entdecken wir ein Dreifinger-Faultier, das wenige Meter über uns regungslos und gut getarnt in einer Astgabel sitzt. Unendlich langsam kaut es an einem Cecropia-Blatt. Plötzlich schrecken uns durchdringende, völlig fremdartige Laute auf. Klammeraffen? Nein, solche langgezogenen, sirenenhaften Rufserien haben wir mit Sicherheit noch niemals zuvor gehört. Das Faultier dagegen fühlt sich offensichtlich angesprochen; es klettert in einem Tempo, das wir ihm keinesfalls zugetraut hätten, über waagerechte Äste direkt zum Verursacher der rätselhaften Laute: ein

Geoffroy-Klammeraffe. Foto: Konrad Wothe

dickes Faultiermännchen ist es, das im Nachbarbaum mit Erfolg seinen Werbegesang um die Gunst unserer Faultierdame angestimmt hat! Das grünlich-grau gefärbte Rückenfell des Männchens klafft knapp unterhalb des Schultergürtels weit auseinander. Die dadurch sichtbar werdende helle Fellmarkierung zeigt vier deutlich abgesetzte, unsymmetrisch angeordnete dunkelbraune Punkte. Wahrscheinlich können sich Faultiere an diesem auffälligen Muster schon aus der Entfernung individuell erkennen.

Nach vierstündigem Marsch ist das Ziel unserer Expedition, die alte „Finca Marenco", erreicht. Die halb verfallenen Holzgebäude zeugen davon, daß alle Siedler bei Gründung des Nationalparks im Jahr 1975 ihre Pflanzungen verlassen mußten. Inzwischen hat der Sekundärwald das Wohnhaus fast überwuchert. Doch zwischen den rasch emportreibenden Pionierpflanzen wie Bambus, Balsa- und Cecropiabäumen gedeihen auch die einst angepflanzten Guavenbäume prächtig. Ihre aromatischen Früchte ziehen jetzt, in der Reifezeit, unzählige Wildtiere an – ganz besonders die Totenkopfäffchen. So wird es auch bald lebhaft im Gezweig: Mit hellem Gezwitscher, das eher an einen aufgeregten Vogelschwarm erinnert, huschen zwergenhafte goldgelbe Gestalten, gewandt wie Eichhörnchen, an den schlanken Stämmen der Cecropiabäume hinauf und zerpflücken mit flinken Händen die wolligen Fruchtstände. Sogar dicht über dem Boden hangeln die „Gelben Totenköpfchen" (*Saimiri oerstedi*) an den langen Blattstielen der Heliconia heran.

Nach und nach ziehen mehr als hundert der quicklebendigen Miniaturaffen zielstrebig in den Guavenwald. Selbst bleistiftdünne, quer hängende Lianen benutzen sie als sichere Hängebrücken zwischen den Baumstämmen. Am Ende des Trupps folgen – sozusagen als Nachhut – einige Klammeraffen. Bei der Auswahl der Früchte sind die Totenköpfchen überaus wählerisch. Meist werden drei bis vier Guaven eingehend beschnuppert und angebissen, bevor sie sich für eine bestimmte entscheiden. Die großen, vollreifen Früchte lassen die Affen achtlos fallen und betätigen sich so für uns Fußvolk am Boden als eifrige Erntearbeiter.

Am Nachmittag wandert noch eine Gruppe von 26 Weißschulter-Kapuzineraffen *(Cebus capucinus)* in die Lichtung ein. Kapuzineraffen stehen den Totenkopfaffen verwandtschaftlich am nächsten, obwohl sie mit einem drei- bis viermal so großen Gewicht und dem greiffähigen Rollschwanz eine ganz andere Statur aufweisen. In den folgenden Wochen bietet sich uns in der niederwüchsigen Vegetation der Lichtung die viel-

Gelbe Totenkopf-Äffchen, spielende einjährige Jungtiere.

leicht einmalige Gelegenheit, die Lebensgewohnheiten der gemischten Affengesellschaft genauer zu beobachten und mit der Filmkamera zu dokumentieren. Im benachbarten Regenwald würde man die kleinen und äußerst mobilen Baumaffen schon nach kurzer Zeit im Blätterlabyrinth aus dem Blickfeld verlieren.

Jetzt im April trifft man, entsprechend der festen Geburtensaison, in allen Gruppen Nachwuchs im Alter zwischen einem und drei Monaten an. Die Affenbabys werden in den ersten Lebensmonaten auf dem Rücken der Mutter getragen, nur zum Trinken klettern sie aus der Huckepackposition herunter und klammern sich an der Bauchseite fest. Der Rücken der geduldigen Mutter ist gleichzeitig Spielwiese und sicherer Ausgangspunkt für die Erkundung der näheren Umgebung.

Mit etwa drei Monaten wagen die Totenköpfchen auf noch wackligen Beinen ihre ersten selbständigen Ausflüge. Wenn aber die Mutter im dichten Blattwerk aus dem Blickfeld gerät, erschrecken sie über den

Weißschulter-Kapuzineraffe beim „Diebstahl" aus unserer Reisetasche.

eigenen Mut und beginnen kläglich zu piepsen. In diesem Alter sind die Jungaffen besonders durch Greifvögel gefährdet. Die Harpyie etwa, der stärkste Waldadler Lateinamerikas, schlägt bevorzugt Baumaffen als Beute; sie machen bis zu 80% seiner Nahrung aus. Findet der kleine Ausreißer nicht gleich zurück zur Mutter, eilt sie rasch zu ihm und bietet ihm den Rücken zum Aufsitzen an. Wenn die Jungtiere mit vier Monaten in das Entwöhnungsalter kommen, werden sie immer häufiger trotz ihres lautstarken Protests energisch abgeschüttelt und allein zurückgelassen. Doch noch bis zum Alter von einem Jahr haben die Affenmütter stets ein wachsames Auge für ihre Sprößlinge und säugen sie regelmäßig.

Die Vorjahrsgeneration und die „halbstarken" Zweijährigen haben sich längst zu einer Jugendbande zusammengeschlossen, die ganze Baumkronen mit ihren wilden Jagdspielen und Balgereien unsicher macht. Lieblingsspiel ist Trampolinspringen in ein rund 10 Meter hohes Bambusgehölz: Die Jungaffen klettern wieselflink in die überhängende

Krone eines benachbarten Baumes und lassen sich von dort, einer nach dem anderen, etwa 6 Meter tief auf das äußerste Ende der Bambuswedel fallen. Der zurückfedernde Bambus befördert sie umgehend wieder an den „Start" im Nachbarbaum; bis zu einer halben Stunde halten die Mitspieler diesen übermütigen Reigen durch.

Der „Boß" der Gruppe, ein auffallend großes und kräftig aussehendes Männchen, hält möglichst auf Abstand zur übrigen Gesellschaft. Während der meisten Zeit des Tages beobachtet er von einer erhöhten Sitzwarte aus mit niemals nachlassender Aufmerksamkeit sein Affenvolk, warnt lautstark bei Annäherung eines Greifvogels oder eines Bodenfeinds und schlichtet mit brachialen Mitteln unverzüglich jede ernstere Auseinandersetzung zwischen Gruppenmitgliedern.

Eine gut drei Meter lange Boa constrictor, die zusammengerollt in einem Guavenbaum auf Beute lauert, ist Anlaß zu großer Aufregung bei den Totenkopfäffchen. Zunächst entdecken einige Jungtiere die Riesenschlange und äußern etwas klägliche Warnlaute, ein hundeartiges Kläffen. Doch erst als das Boßmännchen mit viel lauterer Stimme in das Bellkonzert einstimmt, versammelt sich der ganze Trupp neugierig in den Bäumen ringsum. Mit hohen Imponiersprüngen und heftigem Zweigrütteln versucht der Hordenführer vergeblich, die Boa zu vertreiben. Bald hat das Bellspektakel die Kapuzineraffen angelockt. Beim Anblick der respekteinflößenden Schlange beginnen auch sie zu bellen, nur in einer wesentlich tieferen Tonlage. Zwei erwachsene Männchen machen dem Spuk schnell ein Ende: Sie klettern in die Krone des Guavenbaums und brechen mit aller Kraft einige trockene Äste ab. Die teilweise armdicken Astprügel schleudern sie als Wurfgeschosse mit erstaunlicher Treffsicherheit auf die Boa, der jetzt nur die Flucht nach unten bleibt. Eilends verkriecht sie sich im dichten Heliconia-Gestrüpp.

Ähnlich wirkungsvolle Kooperation beobachten wir auch bei anderen Gelegenheiten zwischen den beiden ungleichen Verwandten. Oft profitieren die Totenköpfchen davon, wenn es einem Kapuziner gelungen ist, mit einem Aststück die harte Wand eines Baumtermitennests zu durchstoßen. Sobald die Kapuzinergruppe weiterzieht, machen sich auch die Totenköpfchen daran, mit einem dünnen Zweig in der Öffnung nach den Termiten zu angeln, die – emsig bemüht, den entstandenen Schaden auszubessern – sich an der „Angel" festhalten und aus dem schützenden Bau herausgezogen werden können.

Der Einfallsreichtum der Kapuziner versetzt uns einige Zeit später erneut in Erstaunen, als wir einem größeren Trupp bis an die Küste folgen. Nachdem sich die Tiere auf mehrere Kokospalmen verteilt haben, beginnen die Affenmänner auch schon, mit ihren starken Eckzähnen die faserige Schale der Kokosnüsse aufzureißen. Innerhalb weniger Minuten schaffen sie es, eine größere Öffnung in den oberen Teil der Nüsse zu beißen, so daß die Kokosmilch nicht ausläuft. Schon drängen sich alle Kapuziner um die geöffneten Nüsse, bis jeder seinen Durst gelöscht hat. Die Hand dient als Schöpfkelle. Die Fähigkeit, die dickschaligen Kokosnüsse zu knacken und sich so den nährstoffreichen und durststillenden Inhalt zugänglich zu machen, wurde bei keiner anderen Affenspezies beobachtet. Zusätzlich hat diese Trinkgewohnheit den erheblichen Vorteil, daß die Weißschulter-Kapuziner nicht auf das Wasser im Bodenbereich angewiesen sind, wo sie, am Flußufer etwa, durch Beutegreifer gefährdet wären.

Gleich anschließend werden wir Zeugen einer anderen, allzu menschlichen Verhaltenseigenart hochentwickelter Primaten, „nämlich des Anschwindelns" von Artgenossen um des eigenen Vorteils willen. Ein erwachsener Kapuzinermann hat gerade begonnen, mit den Fingern das frische Kokosfleisch aus einer Kokosnuß herauszuschälen und genüßlich zu verzehren. Als sich einige Halbwüchsige nähern, geht er ein Stück zur Seite und blickt scheinbar desinteressiert in die Ferne. Erst als die jüngere Gesellschaft weitergezogen ist, kehrt er rasch zurück und setzt die Mahlzeit fort. Mit diesem Trick hat er wiederholt seine Gruppengenossen um einen Leckerbissen geprellt.

Leider verlockt auch unser Proviant die Kapuzineraffen immer öfter dazu, neue Methoden der Nahrungsbeschaffung auszuprobieren. Um an unsere Bananen zu kommen, die wir einen Augenblick unbewacht liegen lassen, wagen es zwei Männchen sogar, quer über den Strand zur Proviianttasche zu flitzen. Schwer beladen kehren sie in aufrechtem Trippelgang zur Gruppe zurück, beide Hände brauchen sie zum Tragen der Beute. In der Hoffnung, die Bananendiebe „bei der Arbeit" filmen zu können, legen wir den restlichen Bananen-Vorrat neben der Provianttasche aus. Doch nun äugen sie mißtrauisch zwischen den Blättern hervor und bellen aufgeregt. Eine ganze Weile zaudern sie, bevor sie allen Mut zusammennehmen und sich bei laufender Kamera erneut so weit über die deckungslose Sandfläche bis zum ausgelegten Köder vorwagen.

Jetzt aber knurrt uns selbst gehörig der Magen, und wir kehren erwartungsvoll zu den Rucksäcken zurück, die im Schatten der Ufervegetation deponiert sind. Doch wir haben die Rechnung ohne die Affen gemacht. Inzwischen hat die restliche Kapuzinergruppe die Rucksäcke durchwühlt und gewissenhaft das Genießbare vom Ungenießbaren getrennt und weggeschleppt. Wir sehen gerade noch, wie unsere letzte Notration Gebäck mitsamt der Tüte in die Bäume entführt wird. Ein Trost bleibt uns: die Kameraobjektive liegen unversehrt am Boden.

Friedhelm Lammers

Der Babbler-Clan

Gehört hatten wir erstmals von den Babblern, als wir von unserer Expedition nach Tiran, der Insel im Roten Meer, auf der wir Fischadler und Kap-Seeschwalben gefilmt hatten, wieder nach Scharm El-Schaikh im Süden des Sinai zurückkehrten.

Im Halbwüstengebiet am Südufer des Toten Meeres sollte diese Vogelart zu Hause sein, deren Sozialverhalten einen israelischen Verhaltensforscher so faszinierte, daß er seit Jahren jede freie Minute, die ihm seine wissenschaftliche Tätigkeit an der Jerusalemer Universität erlaubte, mit den Babblern zubrachte.

Es war nicht ganz leicht, mit Professor Amoz Zahavi ins Gespräch zu kommen, als wir nach Hazewa fuhren, um ihn für unsere Filmpläne zu begeistern. Bei unserer Fahrt in die Tischebene, nur mit niedrigem Strauchwerk kärglich bestandene Wüstenlandschaft, konnten wir uns nicht vorstellen, daß dies der Lebensraum der wohl interessantesten Vogelart sein sollte, mit der wir jemals zu tun hatten.

Das deutsche Wort „Graudrosslinge" mag das äußere Erscheinungsbild dieser Vogelart zutreffend charakterisieren. Wer aber einmal das Verhalten der amselgroßen, mit einem überproportional langen Schwanz ausgestatteten unscheinbar graubraunen Vögel beobachten konnte, wird von dem Begriff Babbler nicht mehr loskommen. Und Schwätzer, so die wörtliche Übersetzung, sind sie schon. Aber wie sollte das auch anders sein, wenn man in einer größeren Gruppe ständig zusammenlebt und auf Gedeih und Verderb aufeinander angewiesen ist.

Wenn die spärlichen Regenfälle in der trockenheißen Arawa-Senke einmal ausbleiben, ist das Überleben auch für Wüstenexperten wie die Babbler äußerst gefährdet. Diese Nahrungsknappheit hat sich Professor Zahavi zunutze gemacht.

Von allen Seiten flattern und huschen die grauen Gesellen heran, wenn der Professor mit bestimmten Pfeiftönen sein Erscheinen ankündigt und die Brotkrumen ausstreut. Es dauert nicht lange, dann sind alle Mitglieder einer Familie, die ein Territorium von etwa einem Quadratkilometer für sich beansprucht, um ihn versammelt.

„1971 habe ich begonnen, wissenschaftliche Daten über den Aufbau und den Zusammenhalt innerhalb der Babbler-Großfamilien zu sammeln", resümiert der Professor. „Es hat viel Geduld gekostet, denn zunächst einmal mußten die Vögel handzahm an mich gewöhnt werden, obwohl sie völlig frei in einem weiten Gebiet leben. Nur so war es möglich, das Verhalten einzelner Individuen zu verfolgen und die Aufgabenverteilung innerhalb einer Gruppe zu erkennen." Wie so oft, so war auch hier die wissenschaftliche Vorarbeit die Voraussetzung dafür, Verhaltensweisen von Tieren filmisch zu dokumentieren.

Im allgemeinen ist der Ansitz im Tarnzelt das Mittel, Tiere ungestört zu beobachten und zu filmen. Bei den Babblern war alles ganz anders. Die Schwierigkeit bestand darin, ihnen mit geschulterter Kamera zu folgen, wenn sie, unbeeindruckt von der Nähe des Menschen, ihrem Tagesablauf nachgingen. Fliegen ist nicht ihre Stärke. Nur ein kurzer Segelflug von einer kümmerlichen Akazie, dann hüpfen sie wieder über den mit Steinen durchsetzten gelben Wüstensand.

Fünf Uhr früh im Territorium eines Babbler-Clans in Hazewa. Matmat, das sogenannte Alpha-Männchen, ist ihr Anführer. Alle Clanmitglieder, etwa ein Dutzend Tiere, hat er um sich versammelt. Die kühle Nacht haben die Mitglieder der Gruppe eng aneinander gedrängt im dichtesten Geäst ihres Schlafbaums verbracht. Sobald die Sonne ihre ersten Strahlen über die jordanische Bergkette schickt, huscht einer nach dem anderen aus dem Gebüsch und findet sich in einer kleinen Mulde ein. Offensichtlich muß die Rangordnung für den beginnenden Tag neu festgelegt werden. Es hat wohl Spannungen innerhalb der Gruppe gegeben.

Da hockt nun der ganze Verein, putzt sich, stochert übereifrig im Gefieder. Einer hopst über den anderen oder versucht, sich ins Zentrum der Clique zu schieben. „Morning dance" nennt Professor Zahavi ein solches Treffen, bei dem es darum geht, Aggressionen abzubauen und die Familienbande neu zu stärken.

Sobald die schnell aufsteigende Sonne den Wüstenboden etwas erwärmt hat, bricht der ganze Clan zur Nahrungssuche auf, nicht jedoch, bevor ein Wächter seinen erhöhten Ansitz eingenommen hat. Von dort warnt er die Gruppe, wenn Gefahr im Verzug ist ...

Die Babbler zählen zu den interessantesten Vogelarten, sie werden amselgroß und sind mit einem überproportional langen Schwanz ausgestattet. Sie sind im Halbwüstengebiet am Südufer des Toten Meeres zu Hause. Foto: Rudolf Lammers

Und Gefahren gibt es viele in der offenen Landschaft. Ein lautlos über die Wüste streichender Greifvogel, eine reglos auf Beute lauernde Schlange könnte den Babblern zum Verhängnis werden. Nur ein Warnruf des Wächters, und alle verschwinden blitzschnell in einer schützenden Dekkung.

Für die Nestlinge stellen besonders die Raubwürger eine große Gefahr dar. Sie bewohnen denselben Lebensraum, bauen ihre Nester in dieselben dornigen Sträucher wie die Babbler. Ständige Wache am Nest ist erforderlich, sonst findet sich ein Babblerkind nach Würgerart sorgfältig auf einen Dorn gespießt für eine spätere Mahlzeit.

Der Wächter verläßt seinen Posten erst, wenn Ablösung kommt, und auch dann nur widerwillig. Wache halten ist eine wichtige Aufgabe im Interesse der Gruppe. Die Übernahme solcher uneigennütziger Dienste verbessert langfristig die Rangordnungsposition innerhalb des Clans.

Die Gruppe verläßt sich ganz auf die Aufmerksamkeit des Wächters, wenn sie in angemessenem Abstand zueinander auf Nahrungssuche geht. Samen, Früchte, Käfer und Insekten sind die Hauptnahrungsquelle. Die aber finden sich in den Wüsten und Halbwüsten der arabischen Halbinsel am ehesten entlang der Wadis, den ausgetrockneten Flußläufen, in denen die Grundfeuchtigkeit ausreicht, um auch in Dürrejahren ein spärliches Wachstum der anspruchslosen Vegetation zu gewährleisten. Hier leben mit Vorliebe die Babblergroßfamilien. Neben den kräftigen Krallen ihrer Zehen, mit denen sie im Wüstensand scharren, ist es vor allem der lange, spitze Schnabel, den sie als Werkzeug bei ihrer Nahrungssuche einsetzen. Insektenlarven sind offensichtlich besondere Leckerbissen. Wie die Vögel allerdings die Stellen finden, an denen sie stochern müssen, um an ihre Lieblingsspeise zu gelangen, ist bisher ein Rätsel. Streit gibt es nur selten um die Nahrung – im Gegenteil: Oft füttern ranghöhere Tiere ihre jüngeren Verwandten mit Happen, die sie selbst erbeutet haben. Solch uneigennütziges Verhalten, zu dem auch die gegenseitige Gefiederpflege zählt, gilt allerdings nur innerhalb des eigenen Clans.

Benachbarten Familien gegenüber verhält sich die Gruppe äußerst aggressiv. Es ist überlebenswichtig, das eigene Territorium mit allen Mitteln zu verteidigen, denn nur, wer ein eigenes Revier mit genügend Nahrungsreserven besitzt, hat die Chance, die nächste Dürreperiode zu überleben.

Besonders zu Beginn der Brutzeit kommt es immer wieder zu Grenzstreitigkeiten. Sobald Eindringlinge auftauchen, signalisieren die Vögel mit lauten Rufen ihre Bereitschaft, die Invasoren zu vertreiben. In aufgelockerter Kampfordnung hüpfen die verfeindeten Clans, von kurzen Segelflügen unterbrochen, aufeinander zu. Beim Aufeinandertreffen geht es dann mit wütenden Schnabelhieben und mit Flügelschlagen so lange zur Sache, bis der Gegner die unsichtbare Grenzlinie anerkennt. Diese Grenzstreitigkeiten wiederholen sich vor allem dann, wenn der eine Clan genügend gute Nistmöglichkeiten in seinem Territorium hat – dorniges Buschwerk, in dem die Jungen, sicher vor Feinden, aufgezogen werden können.

Die Jungenaufzucht im Frühjahr ist ein besonderes Ereignis im Leben der Babbler. Auch hier bleibt der Clan seinen Grundsätzen treu. Es wird ein gemeinsames Nest gebaut, in dem die Jungen nach den Prinzipien einer Großfamilie auch gemeinsam aufgezogen werden. Der Nachwuchs stammt in der Regel nur vom Ranghöchsten, dem sogenannten Alpha-Männchen, dessen Hauptweibchen vier bis gelegentlich acht Eier in die flache Mulde legt.

An der Aufzucht der Jungen sind alle Clanmitglieder beteiligt – Männchen und Weibchen. Beweisen konnte Professor Zahavi diese ungewöhnliche Verhaltensweise mittels verschiedenfarbiger Ringkombinationen, mit denen die Vogelkinder in ihren ersten Lebenstagen versehen werden. Wir konnten beobachten, wie in wenigen Minuten vier verschiedene Familienmitglieder die Jungen fütterten. Es versteht sich von selbst, daß mit der Beringung und Namensgebung die Eintragung ins Familienstammbuch erfolgt. Für die Forschungsarbeit sind die einzelnen Individuen auf diese Weise leicht identifizierbar.

Wenigstens ein Jahr lang bleiben die Jungen in der Obhut ihres Clans. Dann trennen sich die Wege. Während die Männchen weiterhin ihrer Stammfamilie treu bleiben und auf Aufstiegschancen hoffen, versuchen die Weibchen, sich einem anderen Clan anzuschließen, was meistens nach vielen Kämpfen mit den Artgenossen auch gelingt; eine notwendige Einrichtung der Natur, um Inzucht zu vermeiden.

Wenn in der Mittagszeit das Thermometer über 35° Celsius ansteigt, verebbt die Aktivität der Babblerfamilie. Irgendwo im Schatten einer Akazie wartet sie auf die Nachmittagskühle.

Auch Schlangen, die es hier in der Halbwüste am Toten Meer hinreichend gibt, lauern, meistens reglos eingerollt im heißen Sand, auf Beute. So bleibt es nicht aus, daß sie den Babblern bei ihrem ständigen Umherstreifen nur zu oft im Wege liegen.

Alarmsignale rufen im Nu den ganzen Clan herbei. Mit hochgestellten Flügeln wird das verhaßte Kriechtier in heller Aufregung ständig umkreist. Wie eine Meute von Hunden, die ein Stück Wild gestellt hat, versucht jeder der kleinen Angreifer, einen entscheidenden Schnabelhieb am Kopf anzubringen, um die Schlange kampfunfähig zu machen. Höllisch aufpassen müssen sie schon, um nicht von einem blitzschnellen Biß der giftigen Reptile erwischt zu werden. Aber viele Babbler sind der Schlange Tod. Eine willkommene Abwechslung auf der kargen Wüstenspeisekarte.

Daß Vögel gern einem Spieltrieb nachgehen, wenn sie in einer festgefügten Gemeinschaft leben, hatten wir bisher nur bei den Eleonorenfalken in der Ägäis erlebt, die nach getaner Arbeit in atemberaubenden Flugmanövern den Luftraum über ihrer Brutinsel durchzogen. Bei den Babblern aber spielte sich das alles im Wüstensand ab. Es war faszinierend zu beobachten, wie sie, einer nach dem anderen, Sandhügel herunterrutschten, Fangen spielten, indem sie das dürre Gestrüpp umkreisten, um anschließend wie „Halbstarke" miteinander zu rangeln.

Matmat, das Alpha-Männchen, von dem zu Beginn unseres Berichts die Rede war, ist für solchen Schabernack nicht mehr zu haben. Vierzehn Jahre war er alt, als wir ihn filmten. Ein Methusalem unter den Babblern hier am Toten Meer. Nur Professor Zahavi läßt er noch an sich herankommen, der seinen kranken Fuß behandelt hat, als er sich in der Wildnis eine Verletzung zugezogen hatte. Seine Position als Familienoberhaupt wird aber immer noch von allen Clanmitgliedern anerkannt.

Eines Tages wird einer seiner Söhne seine Position einnehmen, er wird mit Hilfe seines Clans ein Gebiet suchen, in dem seine Babbler zu Hause sind, wie seit undenklichen Zeiten, hier in Hazewa, am Südufer des Toten Meeres.

Rudolf Lammers

Leoparden im Land der Bibel

Die Geschichte ihrer Wiederentdeckung am Toten Meer

Seit Minuten starren wir unverwandt und mit brennenden Augen in ein tiefes, 300 Meter entferntes Wadi, ein trockenes Flußbett, um die Leopardin „Humibaba" zu beobachten. Kein Luftzug regt sich, die Temperatur beträgt 40° Celsius, und wir sind vom steilen Anstieg mit schwerem Filmgepäck erschöpft.

Zum xten Mal erklärt Giora Ilany, unser israelischer Führer, die genaue Position: Unter dem Abbruch am Fuß der Felswand, der wie ein Kamin aussieht, liegt ein Dreizack-Fels, rechts folgen zwei grüne, dann ein brauner Busch, von dort etwa 20 Meter nach rechts und 10 Meter nach vorn, im Schatten der kleinen Felspyramide . . .

Wir können zwar nichts erkennen, warten aber trotzdem. Giora Ilany, Zoologe und Leopardenkenner „par excellence", behält seine kostbare Entdeckung fest im Sucher des Fernglases; für unsere ungeübten Augen bleibt die große Katze verborgen. Die Flecken ihres kostbaren Pelzes verwischen die Konturen ihrer schlanken Gestalt so perfekt, daß sie in der Umgebung des gelben Gesteins im Schattenspiel der Spätnachmittagssonne unsichtbar bleibt.

Nur Giora sieht sie im Felsgewirr des gegenüberliegenden Berghanges verschwinden. Und je weiter sich „Humibaba" entfernt, um so schwächer werden auch die Signale in Gioras Empfangsgerät, die vom Sendehalsband der Leopardin ausgestrahlt werden und die uns hierher geführt haben.

Als „Humibaba" den Felsrücken überschritten hat und in das nächste Wadi absteigt, nehmen die feinen Pieptöne mehr und mehr ab, bis sie schließlich ganz verstummen.

Unsere erste Begegnung mit einem Leoparden ist also alles andere als ermutigend, denn schließlich hatten wir uns zum Ziel gesetzt, eine Dokumentation über *Panthera pardus jarvisi,* den Sinai-Leoparden also, zu erar-

Sinai-Leopard am Toten Meer.

beiten. Und das, obwohl diese große Katze schon seit mehr als zwei Jahrzehnten im Heiligen Land als ausgestorben galt. Aus Jericho, der 5000 Jahre alten Stadt am Nordufer des Toten Meeres, war 1964 die Nachricht gekommen, daß der letzte Leopard von einem Beduinen erschossen und das Land nunmehr endgültig „leopardenfrei“ sei.

Mit den großen Verwandten, den Löwen, war man hier ja schon viel früher fertig geworden. Zwar kämpfte in grauer Vorzeit Samson noch mit diesen Tieren, und der spätere König David mußte als Junge noch die Herden seines Vaters gegen diese Raubkatzen verteidigen, aber schon vor 2000 Jahren fanden die Römer den König der Tiere nicht mehr im Gelobten Land. Sie holten sich die Hauptdarsteller vieler grausiger Zirkusspiele aus dem benachbarten Nordafrika.

Die kleineren Leoparden hatten bessere Überlebenschancen. Sie lebten in unzugänglichen Felsregionen so unauffällig, daß man fast vergaß, daß sie tatsächlich existierten. Erst viel später, als die Leoparden es sich zur Gewohnheit gemacht hatten, Haustiere zu jagen, insbesondere Ziegen und Schafe, erklärte ihnen der Mensch den Krieg. Doch was hatte die

Leoparden dazu bewogen, ihre seit eh und je ausgeübte Jagd auf Steinböcke, Gazellen und Klippschliefer aufzugeben?

Seit vielen Jahrhunderten hatten vor allem die Armeen verschiedenster Nationen, die Kreuzfahrer sowie Araber, Türken, Briten und wer immer sonst noch auf diesem „Elefantenpfad der Geschichte" marschiert war, die Natur geschändet und den Wildbestand dezimiert. Hiervon waren vor allem Steinböcke und Rehwild, Lebensgrundlage der großen Katzen, betroffen. Dieser Mangel an Beutetieren, vom Menschen selbst herbeigeführt, trieb die Leoparden schließlich dazu, sich an den Viehherden der Beduinen zu vergreifen.

Diese riskanten Beutezüge wären dem heimlichen Jäger beinahe in letzter Minute noch zum Verhängnis geworden, wenn nicht 1964 vom Staat Israel ein Rahmen-Naturschutzgesetz jede Jagd verboten hätte. Darüber hinaus hatten die Tiere in den vergangenen Jahren in den entlegenen Wadis der Judäa-Wüste Schlupfwinkel gefunden, in die sie sich zurückziehen konnten.

Unsere zweite Leoparden-Begegnung ist im wahrsten Sinne des Wortes „hautnah". Am späten Nachmittag eines heißen Septembertages kommt Golan Abend, ein Assistent Gioras, mit der aufregenden Nachricht, daß sich im oberen Wadi Zelim ein Leopard in einer seit Tagen aufgestellten Katzenfalle gefangen habe. In hastiger Eile werden die Vorbereitungen für den nächsten Morgen getroffen. Kurz nach Mitternacht zieht eine kleine Gruppe von sechs Männern aus der „Field School En Gedi", unserem Standquartier am Toten Meer, aus, um rechtzeitig an der Leopardenfalle zu sein. Eine solch seltene Situation wollen die israelischen Wissenschaftler natürlich nutzen, um möglichst viele Daten über „ihren" Leoparden zu sammeln.

Wir müssen uns beeilen, denn am späten Vormittag wird es so heiß, daß der Leopard den Streß einer solchen Untersuchung vielleicht nicht übersteht.

Mit dem ersten Sonnenlicht erreichen wir das obere Tal und nähern uns vorsichtig dem gefangenen Raubtier. Auf die Betäubungsspritze, die Giora Ilany mit einer langen Nadel vorsichtig in die Keule des Leoparden schießt, reagiert die große Katze mit wütendem Fauchen. Aber es dauert nur wenige Minuten, bis die Wirkung einsetzt und tiefe Atemzüge verraten, daß der Leopard alle Aggressionen mit in seine künstlichen Träume genommen hat. Dennoch sind wir vorsichtig, als wir die Falle öffnen und das betäubte Tier langsam herausziehen.

Wir haben Glück! Es ist ein erwachsenes Tier, ein 18 Monate altes Männchen, dem Giora unbesorgt ein Sendehalsband umlegen kann. Bei jüngeren Tieren muß man sehr vorsichtig sein; sie wachsen noch und könnten sich beim Heranwachsen selbst strangulieren, wenn das Halsband zu eng wird. Werden andererseits die Halsbänder im Hinblick auf das zu erwartende Wachstum zu weit angelegt, streifen die Tiere, nachdem sie freigelassen sind, den kostbaren Solar-Sender am nächsten Felsblock einfach wieder ab.

Eine Stunde etwa wird gemessen, gewogen, notiert und diskutiert, dann kommt der Leopard, noch immer schlaftrunken, in seinen dunklen Käfig zurück. Langsam erwacht er aus seiner Betäubung, braucht aber eine weitere Stunde, bis er sich ganz regeneriert hat. Würde man ihn zu früh freilassen, könnte er leicht über die steilen Felsklippen zu Tode stürzen. In dieser langen Wartestunde bringen wir die Kamera in Position. Wohin wird sich der Leopard wenden, wenn er frei ist? Wo steht man am besten, um ihn wenigstens einige Sekunden filmen zu können, bevor er im Felsgewirr der Judäa-Wüste verschwunden ist?

Es ist ein spannender Augenblick, als Giora mit einer langen Schnur die Verschlußklappe der Falle wegzieht. Einen Atemzug lang passiert nichts, dann schießt der Leopard mit lautem Knurren aus dem dunklen Metallkäfig, jagt wie blind genau auf die laufende Kamera zu, erkennt eine erschrockene Bewegung, wendet sich im vollen Lauf und verschwindet blitzschnell hinter einem vorspringenden Felsblock. Wenige Sekunden voller Hektik, dann herrscht atemlose Stille. Alles spätere Suchen nach dem Leoparden ist vergeblich. Er bleibt für uns unsichtbar. Im Felslabyrinth der Judäa-Wüste aber wird „Hordus", so hat Giora ihn getauft, zukünftig im Empfangsgerät auf der Frequenz 217 zu hören sein.

Nach unserer ersten direkten Begegnung mit dem Sinai-Leoparden scheint uns der Titel „Abbu Namir" doch etwas zu theatralisch zu sein. „Abbu Namir", so darf man sich bei den hier lebenden Beduinen nennen, wenn man einen Leoparden erlegt hat. Nur dann zählt man zu dem kleinen Clan „großer, tapferer Männer, die den Feind der Herden getötet haben".

So viel Mut, wie der Titel vermuten läßt, braucht man zu einer solchen Jagd mit Pulver und Blei auf den kleinen Sinai-Leoparden allerdings nicht, denn bedingt durch die karge Wüstenregion ist diese Spezies relativ klein und von geringem Gewicht. Gegenüber der afrikanischen Rasse mit 150 cm Körperlänge und oft mehr als 60 kg Gewicht bringt es die Rasse am Toten Meer nur auf 120 cm Körperlänge und maximal 35 kg, wobei die Männchen aller 24 Rassen, die man im gesamten afrikanisch-asiatischen Verbreitungsgebiet unterscheidet, fast ein Drittel größer und schwerer sind als die Weibchen.

Als das israelische Parlament, die Knesset, ihr Rahmengesetz verabschiedete, ging man eigentlich nicht mehr davon aus, daß diese Schutzvorschriften den Leoparden noch zugute kommen könnten. Man hielt sie schon für ausgestorben. Beschlossen wurde lediglich, eine Bestandsaufnahme aller sogenannten Raubtiere durchzuführen.

Giora Ilany wurde beauftragt, das ganze Land zu bereisen, Daten zu sammeln und Menschen zu befragen.

Im Lauf der folgenden Jahre fand Ilany schließlich neben vielen anderen Tierarten Wölfe, Hyänen, Karakals, Wildkatzen und zwei Fuchsarten, die es noch in recht stattlicher Zahl gab. Er hörte aber auch immer wieder das Gerücht, Wanderer hätten in entlegenen Landstrichen größere Katzen beobachtet, nämlich Leoparden. Doch als Zoologe und Wissenschaftler war er mißtrauisch. Er stellte Fangfragen an vermeintliche Zeugen: „Welche Farbe hatten denn die Streifen der von ihnen entdeckten großen Katze?"

Die Schilderungen zeigten dann immer wieder, daß die Beobachter zwar eine lebhafte orientalische Phantasie besaßen, aber nicht wußten, daß ein Leopard nicht gestreift, sondern gefleckt ist. Irgendwann aber stieß Ilany selbst auf merkwürdige Katzenspuren und Exkremente, die auch den Fachmann davon überzeugten, daß diese Spuren nur von Leoparden stammen konnten.

Von seinem Fundort aus, einem Wadi in der Nähe des Kibbuz En Gedi, am Toten Meer, verfolgte er von nun an hartnäckig jede kleinste Spur und wußte bald, daß es hier tatsächlich noch Leoparden gab. 1974 schließlich, zehn Jahre nach seinen ersten Bemühungen, gelang es ihm, *Panthera pardus jarvisi* an einer geschlagenen Beute, einem Steinbock, zu beobachten und zu fotografieren. Das war eine zoologische Sensation! Amerikanische, englische und deutsche Tageszeitungen berichteten mit großen Schlagzeilen über dieses unerwartete Ereignis.

Trotz aller Einengung des Lebensraums, trotz jahrhundertelanger Verfolgung, trotz unmittelbarer Nachbarschaft zum „Erzfeind Mensch" hatte es die zweitgrößte Katzenart, die es je im Land der Bibel gegeben hat, tatsächlich geschafft, sich in unsere Gegenwart hinüberzuretten. Von jetzt an sollten strengste Schutzmaßnahmen dafür sorgen, daß sich die kleine

Restpopulation in diesem unwirtlichen Raum am Toten Meer halten und vermehren konnte.

Doch dann geschah etwas Unerwartetes. Im Dezember 1978 erschien mitten im Kibbuz En Gedi in regelmäßigen Abständen ein Leopard und holte sich Hunde, Hauskatzen und Truthähne. Wie sich später herausstellte, handelte es sich um ein Leoparden-Weibchen, das zwei Junge aufzog. In günstigen Klimazonen haben Leoparden normalerweise zwei bis vier, manchmal sogar sechs Junge. Hier aber, unter den extremen Wüstenbedingungen, wird in der Regel nur ein Junges geboren.

Den Hunger zweier heranwachsender Jungen zu stillen, war für die En Gedi-Leopardin wohl so schwer, daß sie sich die bequeme Jagd auf Haustiere als einfachste Lösung zu eigen machte. Je dreister sie dabei vorging, um so mehr sorgten sich die Kibbuzniks um die Sicherheit ihrer Kinder. Als dann die große Katze eines Abends während eines Vortrages auf der Schwelle eines offenen Zuhörerraumes erschien, schoß ein übereifriger Soldat auf sie. „Bawta", wie man diese Leopardin inzwischen nannte, wurde schwer verletzt, konnte jedoch entkommen. Nun aber, angeschossen und nicht mehr voll jagdtüchtig, war sie für die Menschen hier eine echte Gefahr. Es gab nur eine Lösung: Sie mußte gefunden und getötet werden! Nach verzweifelter Anstrengung bekam Giora Ilany eine kurze Frist, die verletzte Katze eventuell doch zu fangen und die Jungen zu retten.

Dies gelang wie durch ein Wunder, und „Bawta" lebt heute im Zoo von Tel Aviv. Menschen gegenüber ist sie jedoch nervös und aggressiv. Als wir einige Erinnerungsfotos von ihr machen wollten, begrüßte uns „Bawta" hinter engen Gitterstäben auf ihre Art: mit bösem Fauchen und – hinkendem Gang.

Unser Ziel aber war es nicht, „Leoparden im Zoo" oder „Leoparden-Beringung und Freilassung" zu filmen, wir waren vor allem daran interessiert, Bilder freilebender Katzen in ihrer grandiosen Felsheimat zu machen. Wie schwer das sein würde, brauchte uns nach den ersten entmutigenden Versuchen niemand mehr zu erzählen. Nach vielen falschen Ansätzen aber haben wir dann doch einen gangbaren Weg gefunden: Da wir nicht Monat für Monat in der Judäa-Wüste warten konnten, sollte uns Giora Ilany telefonisch informieren, wann immer er erfolgversprechende Situationen beobachtete.

Eine solche Idee hält man zunächst für unrealistisch. Würde es nicht viel zu lange dauern, aufgrund einer solchen Information per Auto,

Flugzeug, wieder Auto, Fußmarsch, an einen ca. 4000 km entfernten Punkt zu rasen? Doch wir haben es immer wieder versucht und verdanken dieser Idee die besten Leoparden-Aufnahmen:

11. März 1986, 21 Uhr, Telefonat aus Israel. Giora Ilany am Apparat. Bitte sofort kommen, die Leopardin „Humibaba" ist in Hochzeitsstimmung.

Am nächsten Morgen um 5 Uhr sitze ich mit allem Filmgepäck im Wagen nach Frankfurt. Um 10 Uhr geht die Maschine nach Tel Aviv. Am Flughafen wartet ein Wagen der israelischen Naturschutzorganisation. Nach drei Stunden erreichen wir das Tote Meer, dort steige ich in einen geländegängigen Jeep um. Eine weitere Stunde mit Vierradantrieb über Stock und Stein, dann taucht vor mir der kleine Lagerplatz auf. Nur 20 Stunden nach dem Anruf bin ich am Ziel.

Giora kann es kaum glauben, daß ich es in so kurzer Zeit geschafft habe, von meinem Schreibtisch in Norddeutschland bis zum Wadi Zelim im Süden Israels zu hasten.

Dennoch gönnt er mir keine Verschnaufpause, denn die Paarungszeit der Leoparden dauert nur wenige Tage. Sind wir nicht rechtzeitig an dem Ort, an dem Giora am Vorabend „Humibaba" mit einem Leoparden-Männchen beobachtet hat, können die beiden sich schon wieder getrennt haben. Damit wäre unsere Chance, sogar ein Männchen zu finden, das äußerst scheu ist, und – mit einer Ausnahme – nie in einer Falle gefangen wurde, gleich Null.

Doch dieses Mal haben wir das Glück „gepachtet". Als erstes hören wir die Signaltöne von „Humibaba". Wenig später sehen wir das Weibchen schräg unter uns durch die Felsen schleichen und in einer Höhle verschwinden. Und dann, urplötzlich, steht ein Leopardenmännchen wie eine Sphinx, ganz nah unter uns vor seiner Höhle! Ein unbeschreiblicher Augenblick, der alle vergeblichen Mühen und Anstrengungen der vergangenen Monate und Jahre vergessen läßt.

Es dauert nur wenige Minuten, dann erscheint auch „Humibaba" wieder vor der Höhle. Man sieht, um wieviel kleiner das Weibchen gegenüber dem kraftvollen, muskulösen Männchen ist. Nach Katzenart wälzt sich „Humibaba" im warmen Staub zwischen den Felsen, während sich das Männchen die milde Abendsonne auf den schönen Pelz scheinen läßt. Nach einiger Zeit verschwindet erst „Humibaba", dann das Männchen im gemeinsamen Schlupfwinkel im Fels. Dumpfes Fauchen und Grollen verrät, daß die Hochzeit ohne uns gefeiert wird! Spannende

Minuten verstreichen. Dann verläßt „Humibaba" die enge Felsnische und klettert zurück ins Tal.

Ihre Flanken sind eingefallen, denn sie wird während der drei bis fünf Tage langen Ranzzeit keine Zeit zur Jagd gehabt haben. Das Männchen verläßt die Höhle wohl erst im Schutz der Dunkelheit. Wir haben es nicht mehr beobachten können.

Uns aber hat der hektische Aufbruch ans Tote Meer neben aller Anstrengung wunderschöne Aufnahmen beschert, die wir ohne die Zusammenarbeit mit Giora Ilany kaum hätten filmen können.

Drei Monate wird es jetzt dauern, bis sich herausstellt, ob „Humibaba" Junge haben wird oder nicht. Das Leopardenmännchen wird sich nicht darum kümmern. Nur gelegentlich werden sich ihre Wege kreuzen, doch für die Aufzucht der Kleinen ist nur die Mutter verantwortlich.

Seit den ersten mehr oder weniger erfreulichen Leopardenbegegnungen arbeitet Giora Ilany an einem Langzeitprojekt über die noch existierende Population in diesem sehr eng begrenzten Lebensraum am Toten Meer. Es wurden inzwischen sechs Leoparden gefangen und, mit Radiosendern versehen, wieder freigelassen. Sie liefern wie „Humibaba" schon seit Jahren genaue Daten über ihren Tagesablauf, vorausgesetzt natürlich, man kann sie in dem unwegsamen Gelände auf Funkweite verfolgen.

Im Vergleich zu Leoparden-Programmen, die von anderen Wissenschaftlern in Ostafrika oder in Indien durchgeführt wurden, ergeben sich aufgrund des kleinen Lebensraumes, der zudem als extreme Felsenwüste völlig anders geartet ist, viel anschaulichere Daten über Tagesablauf, Reviergröße, Trennung von Männchen und Weibchen, Jungenzahl, Jagdgewohnheiten und vieles mehr. Man darf gespannt sein, welche neuen Erkenntnisse uns zugänglich werden, wenn die nun seit mehr als 15 Jahren gesammelten Beobachtungen und Erfahrungen von Giora Ilany veröffentlicht werden.

Als Resümee der Arbeit der letzten zehn Jahre aber läßt sich schon heute festhalten, daß die kleine Rasse des Sinai-Leoparden recht gute Zukunftsaussichten hat. Die Unzugänglichkeit der tiefen Felsschluchten der Judäa-Wüste und der strenge Schutz israelischer Naturschutzgesetze scheinen ihm eine reelle Chance zu geben, auch weiterhin Jagd auf Klippschliefer und Steinböcke am Toten Meer zu machen.

Seit der Wiederentdeckung der Leoparden am Toten Meer ist die Debatte um das Lebensrecht dieser großen Katze in Israel nicht verstummt. Die Bewohner der wenigen Siedlungen der Judäa-Wüste sind nicht endgültig überzeugt, daß ein friedliches Nebeneinander von Mensch und Raubkatze möglich ist, obwohl es hier bisher keine einzige ernsthafte Konfrontation gegeben hat. Hoffen wir, daß kein ungewollter Zusammenstoß zwischen Mensch und Tier den bisher praktizierten „modus vivendi" gefährden möge!

Henry Makowski

Filmen für das Überleben der Natur

Ein Stück Naturschutzgeschichte

Es hat sich gezeigt, daß sich Naturschutzgedanken am wirkungsvollsten in die Tat umsetzen lassen, wenn es gelingt, sie mit dem Schicksal von Tieren zu verbinden. Fallen diese Tiere durch ihr Erscheinungsbild oder eine besondere Lebensweise auf, sind sie sehr selten oder sogar vom Aussterben bedroht, dann hat ein solches Naturschutzprojekt die besten Aussichten, eine breite Zustimmung zu finden und verwirklicht zu werden.

All dies betrifft in besonderer Weise den Kranich. Mit seinem Schicksal verbindet sich die Rettung einer neuen Kategorie von Schutzobjekten – den Feuchtgebieten, die erst in den letzten Jahren in unsere Naturschutzgesetze Eingang gefunden haben. Durch den Kampf um die Rettung der Feuchtgebiete haben die Arbeit und die Aufgaben des privaten und behördlichen Naturschutzes landes- und weltweit enorme Ausmaße angenommen.

Dabei sprach zunächst alles gegen die Einführung des Begriffs „Feuchtgebiete". Ursprünglich stammt er aus dem englischen Sprachgebrauch. Als „wetlands" werden in Nordamerika und in Großbritannien die Überschwemmungsgebiete bezeichnet, in denen sich zur Zeit des Vogelzugs oder der Winterrast Wildgänse, Enten und Watvögel versammeln. Diese Überschwemmungsgebiete waren aber auch immer bevorzugte Jagdgebiete. Als in den „wetlands" nach dem Zweiten Weltkrieg ein stetiger, teilweise schneller Rückgang der Vogelarten zu verzeichnen war, gab es die ersten Alarmmeldungen. Sie lösten weltweite Untersuchungen aus, denen sich auch deutsche Jagd- und Vogelschutzorganisationen anschlossen.

In Westdeutschland konzentrierten sich die Wasservogelansammlungen fast ausschließlich auf Gebiete, die in langfristige Regulierungsplanungen der finanzstarken Wasserwirtschaft eingebunden waren. Von daher schien es für den Naturschutz fast aussichtslos, in diese Planungen einzudringen oder sie ändern zu wollen. Das auf Wiederaufbau, Intensivierung der landwirtschaftlichen Produktion und Gewinnmaximierung ausgerichtete Denken der Nachkriegszeit band uns Naturschützern die Hände. Wo sollten wir ansetzen, gerade die Feuchtgebiete, die man eigentlich nur mit Gummistiefeln betreten kann, als gefährdete Landschaften einer breiten Öffentlichkeit nahezubringen? Wo der Naturschutz für ein liebliches Tal, eine Berglandschaft oder für ein Heidestück mit Birken und Wacholdern kämpfte, konnte er auf Zustimmung und auf Schlagzeilen hoffen, denn diese Motive hatten Tradition. Dafür hatten einst die Landschaftsmaler gesorgt. Allein in der Bezeichnung „Feuchtgebiet" lag wenig Attraktives. Muß nicht etwas, das „feucht" ist, möglichst schnell beseitigt werden?

Wir, die ehrenamtlichen und professionellen Naturschützer, merkten schnell, daß wir hier „Vermittler" brauchten. Wir fanden sie in den vielen Entenarten, den symbolträchtigen Schwänen und Wildgänsen und in dem bunten Volk der Schnepfenvögel. All diese Vogelarten versammeln sich zu bestimmten Zeiten im Jahr in den Feuchtgebieten. Hinzu kommt noch eine Vogelart: der Kranich. Er lebt zwar zur Brutzeit als Einsiedler, zur Zugzeit aber versammeln sich die Tiere und erregen auf ihren Wanderungen die Aufmerksamkeit vieler Menschen. Schon Friedrich Schiller beschrieb in seiner Ballade „Die Kraniche des Ibykus" dieses Naturschauspiel.

Es war also kein Zufall, daß im Jahr 1967 die erste Folge der Reihe „Paradiese aus zweiter Hand" (sie wurde erst später in „Paradiese aus Menschenhand" umbenannt) den Schutz dieser Feuchtgebiete zum Thema hatte. Sie trug den Titel „Europareservate für Wasservögel".

Das Thema „Feuchtgebiete" wurde unter der Redaktion von Alfred Schmitt immer wieder aufgegriffen. So 1974 als Beitrag für eine großangelegte Aktion des Europarates, der eine europäische Kampagne zur Erhaltung von Feuchtgebieten gestartet hatte. Der hierfür produzierte Film trug den Titel „Wasserwildnis nach Plan" und diente später, ergänzt und neu kommentiert, den Naturschutzverbänden unter dem Titel „Feuchtgebiete schützen – Leben erhalten" als Informationsfilm. Der deutsche Naturschutzring stellte dazu ein Faltblatt, „Feuchtgebiete sind kein nutzloses Land", her, das mit einer Auflage von fast einer Million Exemplaren verteilt wurde. Rückblickend können wir festhalten, daß die Einführung des Begriffs „Feuchtgebiet" in eine breitere Öffentlichkeit nur

Feuchtgebiet am Rand eines Hochmoorweihers. Foto: Georg Rüppell

deshalb so schnell gelang, weil sich die Redaktion „Gesundheit und Natur“ unter Alfred Schmitt dieses Anliegens immer wieder angenommen hat.

Schon früh wurde bei uns das Medium Film eingesetzt, um für den Naturschutz zu werben. Auch hier spielte der Vogel eine große Rolle. Wie kaum eine andere private Naturschutzorganisation hatte es um die Jahrhundertwende der Bund für Vogelschutz unter der Leitung von Lina Hähnle, der Frau eines württembergischen Filzfabrikanten, geschafft, über den Vogel viele Menschen für den Naturschutzgedanken zu mobilisieren. Lina Hähnle hatte es verstanden, die vielen Gruppen und Grüppchen, die sich dem Vogelschutz verschrieben hatten, unter einen Hut zu bringen. Unermüdlich reiste die Mutter von sechs Kindern im Land umher und warb für ihre Ideen. Ihre für jene Zeit erstaunliche Vortragsarbeit – ihr Vogelschutzbund zählte zu Beginn des Ersten Weltkriegs über 40 000 Mitglieder – wurde unterstützt von Filmstreifen, die ihr Sohn Hermann Hähnle zum größten Teil selbst aufgenommen und zusammengestellt hatte. Er kann somit als „Ahnherr“ der Naturfilmer angesehen werden.

Der angehende Ingenieur Hermann Hähnle hatte sich 1900 auf der Weltausstellung in Paris umgesehen. Besonders faszinierten ihn die kinematographischen Vorführungen, die damals einer breiten Öffentlichkeit als Weltneuheit präsentiert wurden. Er war dermaßen von den „Laufbildern“ beeindruckt, daß er sich sofort zum Ankauf von Aufnahme- und Vorführgeräten entschloß. Mühelos konnte er seine sparsame Mutter, die Präsidentin des Bundes für Vogelschutz, überzeugen, diese kostspieligen Anschaffungen zu unterstützen, denn die Filmstreifen sollten zur Mitgliederwerbung eingesetzt werden. Sohn Hermann war ein schwäbischer Tüftler, er bastelte die Aufnahmegeräte für die Tierfilmerei zurecht und baute Objektive mit langen Brennweiten. Schon 1906, noch als Student, führte er bei einer Ärzte- und Naturforschertagung in Stuttgart eigene Vogelfilme vor, die er in der freien Wildbahn gedreht hatte. Über sechs Jahrzehnte lang hat Hermann Hähnle seine „Naturkunden“ fortentwikkelt und thematisch vervollständigt. Er war der erste, der ab 1937 das Agfacolorverfahren bei seinen Naturfilmen verwendete. Ihm standen als Naturfilmer noch viele Wege offen, denn der Bund für Vogelschutz hatte fast 200 der wichtigsten Vogelplätze Deutschlands gepachtet oder gekauft. Dazu gehörten die Sumpfflächen um den Federsee, die Elbauen mit Bibervorkommen bei Steckby, die Inseln Mellum, Trischen und Knechtsand, Feuchtgebiete, die heute als international bedeutsam aufgelistet und geschützt sind.

1923 übergab der Bund für Vogelschutz die von Hermann Hähnle gedrehten und angekauften Naturfilme zur weiteren Nachspielung der Firma „Naturfilm Hubert Schonger". Diese Firma betrieb einen gewerbsmäßigen Verleih an Schulen, und damit war der erste Schritt getan, der zur Gründung der Reichsstelle für den Unterrichtsfilm 1934 in Berlin führte, des heutigen Instituts für Film und Bild in Wissenschaft und Unterricht. Den größten Einfluß auf seine Zeitgenossen erlangte Hermann Hähnle – so schildert es Herbert Ecke von der Reichsstelle für Naturschutz – in den Filmtheatern durch sein „Kuckucksei". Nach dem Ersten Weltkrieg berieten die Vertreter aller politischen Parteien in Stuttgart über eine bessere Ausnutzung der Filmtheater für kulturelle Zwecke. Da keine finanziellen Mittel vorhanden waren, kam man zu keinem Ergebnis. Auf eine Anfrage an Hermann Hähnle schlug dieser eine Steuerermäßigung für jene Vorführungen vor, in denen außer dem Hauptfilm ein Kulturfilm liefe. Da Württemberg zur damaligen Zeit eine eigene Filmzensur hatte, wurde die Anregung Hähnles bald eingeführt und fand schnell Nachahmung in allen deutschen Ländern. So hat Hermann Hähnle durch seine Empfehlung dafür gesorgt, daß über Jahrzehnte hinweg der Kultur- und Naturfilm eine besondere finanzielle Förderung erfuhr, die viele Naturfilmer ermutigte, sich dieser aufwendigen Arbeit zu widmen.

Eine der ersten Naturschutzvereinigungen, die sich nach dem Ende des Zweiten Weltkriegs neu formierte, war der Bund für Vogelschutz. Hermann Hähnle hatte den Wiederaufbau und die Führung des Verbands übernommen. Wer zu ihm kam und um Unterstützung für ein Naturschutzvorhaben bat, fand bei ihm ein offenes Ohr. Doch wurde von ihm, der im persönlichen Leben immer ein sparsamer, fast „knickriger" Hausvater gewesen war, nur dann finanzielle Unterstützung gewährt, wenn man ihm das Vorhaben eingehend erläutern konnte. Dabei kam immer wieder sein Rat, den er selbst über Jahrzehnte erfolgreich befolgt hatte, mit dem Bild, vor allem mit dem Film für die Sache zu werben.

1949 machte ich mich per Anhalter von Lüneburg aus auf den Weg, um den Präsidenten des wiedererstandenen Bundes für Vogelschutz für das Schicksal der letzten Kraniche in Westdeutschland zu interessieren. Der Kranich hatte damals seine westlichsten Brutplätze in einem Grenzstreifen zwischen der britischen und der sowjetisch besetzten Zone. Die

Brutgebiete lagen zwischen Lübeck und Braunschweig. Sie konzentrierten sich in den Kreisen Lauenburg und Dannenberg. Etwa zwanzig Brutvorkommen hatten wir zu dieser Zeit erfaßt. Die Zahl schwankte, weil einige Kranichpaare „Grenzgänger", besser gesagt, „Grenzflieger" waren. Sie brüteten abwechselnd in kleinen Sumpfgebieten diesseits und jenseits der Zonengrenze.

Besonders schnell gingen die Kranichbrutplätze im östlichsten Zipfel der Bundesrepublik zurück. Hier, im Kreis Dannenberg, waren nach dem Krieg umfangreiche wasserwirtschaftliche Baumaßnahmen angelaufen. Großflächig wurden über einige Hauptkanäle die Flußniederungen entwässert. Aus dem Osten vertriebene Landwirte sollten neue Heimstätten bekommen. Es war das Ziel aller politischen Parteien, die Agrarstruktur im Zonenrandgebiet zu verbessern. Dafür wurden binnen kurzer Zeit Millionenbeträge bereitgestellt. Den großen Entwässerungen folgten Flurbereinigungen mit einer Neuaufteilung von Flächen. Diese Arbeiten führten bald zu einer großflächigen Absenkung des Wasserstandes. Davon waren besonders die Brutgebiete der Kraniche betroffen.

Wegen seiner interessanten Lebensweise haben sich die Ornithologen immer wieder mit dem Kranich beschäftigt. Der umfangreichen Fachliteratur war jedoch wenig darüber zu entnehmen, unter welchen Voraussetzungen sich ein Kranich den veränderten Lebensbedingungen anpassen kann. Wir fingen an, die Situationen der einzelnen Brutplätze miteinander zu vergleichen. Nach und nach lernten wir den Ort zu bestimmen, an dem der Kranich voraussichtlich brüten würde, und den Zeitpunkt zu bestimmen, an dem er abwandern würde. Im Gegensatz zu Reihern und Störchen sind Kraniche Bodenbrüter. Ihr Nest, das sie aus Pflanzenmaterial der näheren Umgebung zusammenschichten, liegt im Sumpf wie eine kleine Insel. Voraussetzung für eine erfolgreiche Brut, so fanden wir heraus, ist ein kniehoher Wasserstand. Fehlt es im Sumpf an Wasser, dann fällt die Brut aus. Oft kommt es vor, daß während der Brutzeit der Wasserstand sinkt. Der Vogel sitzt dann buchstäblich auf dem Trockenen. Die Kraniche brüten dann zwar weiter, doch ist das Nest nicht mehr vor Feinden gesichert. Nestplünderer sind vor allem Wildschweine, die gern die letzten Sumpflöcher aufsuchen, um hier zu suhlen.

Weiter konnten wir beobachten, daß die Kraniche immer dann ihre Brutplätze aufgaben, wenn Schilf und Strauchaufwuchs in Nestnähe zu dicht geworden waren. Der aufmerksame Kranich braucht, wenn er auf dem Nest sitzt, einen möglichst freien Rundblick, um nahende Feinde

Kraniche beim Balztanz. Foto: Otto Hahn

rechtzeitig erkennen zu können. Überhaupt ist der Kranich zur Zeit des Nestbaus gegen Störungen besonders empfindlich. Die Vögel wandern gegebenenfalls sofort ab und suchen nach neuen Nistplätzen. Sind diese nicht vorhanden, fällt die Brut aus. Doch auch ein ruhiger Sumpfplatz mit einem entsprechend hohen Wasserstand reicht nicht aus, um eine Kranichbrut erfolgreich aufzuziehen. Während der ersten Lebenswochen brauchen die Jungvögel eine Vielzahl von Insekten als Nahrungsangebot. Diese finden sie nur, wenn in unmittelbarer Nähe des Brutplatzes extensiv genutzte Wiesen oder Brachflächen vorhanden sind.

Diese Erkenntnisse, die wir Schritt für Schritt zusammentrugen, gaben uns Hinweise darauf, was zu tun war, um den Kranichen ihren Lebensraum zu erhalten. Über kleine Stauwehre, die wir in Entwässerungsgräben anlegten, konnten wir den Wasserstand an einigen der Brutplätze regulieren. Da sich Störungen der Vögel nicht vermeiden lassen, suchten wir in der Nähe der Brutplätze nach Sumpflöchern, die wir aufstauen konnten. So boten wir den Vogelpaaren Ersatz bei Störungen an. In den

Wintermonaten gingen wir mit Axt und Säge los, um den Rand des Kranichsumpfs aufzulichten. Mit den Jagdpächtern und Revierinhabern wurden Absprachen getroffen, den Wildschweinbestand in der Nähe der Brutplätze zu dezimieren. Wo dies Schwierigkeiten bereitete, legten wir sogenannte „Antigeruchsringe" um die gefährdeten Brutstellen.

Um die Schäden an Feldfrüchten zu verringern, hat die chemische Industrie Verwitterungsmittel entwickelt, die durch ihren penetranten Gestank die geruchsempfindlichen Wildschweine davon abhalten sollen, in die Felder einzubrechen. Je nach Witterung hatten wir mit unseren Aktionen Erfolg. Doch diejenigen von uns, die diese Mittel bei den Kranichen auszubringen hatten, mußten ihre Hemden und Hosen wegwerfen, so anhaltend „dufteten" sie. Ohne die Mithilfe der Jäger und verständiger Landwirte wäre es sicherlich nicht gelungen, extensiv genutzte Weideflächen um einige der wichtigsten Kranichbrutplätze zu erhalten.

Mit der Zeit wußten wir, wie man den Kranichen unmittelbare Hilfe geben kann, doch war vorauszusehen, daß wir mit unseren Schutzbemühungen scheitern mußten, wenn wir nicht die Rahmenbedingungen änderten. Dazu gehörte eine langfristige Sicherung der Brutplätze als Naturschutzgebiete durch Pacht oder Ankauf von Flächen. Weiter war es notwendig, auf die Planungen der Wasserwirtschaftler und der Flurbereiniger Einfluß zu nehmen. Dafür mußten wir unsere Zurückhaltung aufgeben und an die Behörden herantreten. Darüber hinaus brauchten wir dringend Geld. Das bedeutete, daß wir eine breitere Öffentlichkeit für unser Vorhaben mobilisieren mußten. Hier sollte uns Hermann Hähnle vom Bund für Vogelschutz mit seinen Erfahrungen helfen.

Zunächst vermittelte er uns die besten Kranichfotos, die zu haben waren. Wir bekamen Fotos des Naturfotografen Helmuth Wegner, der in Mecklenburg, wo die Kraniche noch häufiger brüteten, eindrucksvolle Bilder aufgenommen hatte. Mit diesen Bildern warben wir in den örtlichen Zeitungen für die Rettung der Kraniche. Ein Kranichvorkommen im Kreis Dannenberg lag uns besonders am Herzen. Durch einen Sumpfwald, wo mehrere Kranichpaare brüteten, sollte einer der Hauptentwässerungskanäle geführt werden. Mit einiger Mühe konnte ein Naturschutzverfahren für diesen Sumpfwald bei den Behörden in Gang gesetzt werden. Damit war Zeit gewonnen, die Kanalplanungen mußten neu überprüft werden.

Schon bei den ersten Gesprächen mit Hermann Hähnle kam der Plan auf, nicht nur Fotos, sondern auch den Film als Werbung für den Schutz der Kraniche einzusetzen. Mehrere Filme über Kraniche standen uns zur Verfügung: Da gab es Aufnahmen von Professor Walter Hege, der Kraniche und Seeadler in Mecklenburg am Müritzsee festgehalten hatte, und einen Film von Horst Siewert von der Forschungsstelle Deutsches Wild im Naturschutzgebiet Schorfheide. Alle diese Filme waren in Schwarzweiß aufgenommen. Hermann Hähnle allerdings plädierte für einen Farbfilm und suchte für uns nach Möglichkeiten, an den ersten Kranichfilm in Farbe zu kommen.

Die Zentrale des deutschen Naturschutzes, die Reichsstelle für Naturschutz, die mit der Verabschiedung des ersten Reichsnaturschutzgesetzes in Berlin gegründet worden war, hatte frühzeitig die Bedeutung von Film und Foto für die Naturdokumentation und die Öffentlichkeitsarbeit im Naturschutz erkannt. Für diesen Bereich unterhielt sie eine eigene Abteilung. Zum Ende des Zweiten Weltkriegs war diese Reichsstelle mit ihren Archiven in die Lüneburger Heide verlegt worden. So konnten wertvolle Filme, Bilddokumentationen und Aufnahmegeräte gerettet werden. Es war ein Glücksfall, daß in der Nachbarschaft der Kranichplätze für uns ein Filmfachmann, Dr. Herbert Ecke, mit Geräten und Farbmaterial zur Verfügung stand.

Doch bevor wir mit den Filmaufnahmen begannen, bauten wir mit Hilfe von Forstbeamten und Jagdpächtern mehrere Hochsitze, um von diesen aus ohne zu stören das Verhalten der Kraniche am Nistplatz zu beobachten. Wir fanden heraus, wie sich die einzelnen Kranichpaare benahmen, in welcher Ecke des Sumpfes sie ihr Nest anlegten, wo der eine Partner als Wächter patroullierte, wie die Brutablösung vor sich ging etc. Jedesmal, wenn wir uns den Hochsitzen näherten, redeten wir laut, damit uns die Vögel rechtzeitig aus dem Weg gehen konnten. Doch bald blieben die Vögel auf dem Nest sitzen, wenn wir am Rande des Sumpfs vorübergingen.

Der schwedische Schriftsteller und Naturfotograf Bengt Berg hatte unter dem Titel „Mit den Zugvögeln nach Afrika" ein Buch veröffentlicht, das vor fünfzig Jahren zu einem Bestseller unter den Tierbüchern geworden war. In diesem Buch beschreibt er, wie er zu Aufnahmen von Kranichen an ihren Brutplätzen in Nordschweden kam und wie er den Vögeln nach Afrika in ihre Winterquartiere am Weißen Nil folgte. Nach den Aussagen von Bengt Berg hatten wir im Kranich einen der mißtrauischsten Vögel vor uns. Ein Grund mehr, unsere Filmarbeiten mit aller Sorgfalt vorzubereiten.

Nachdem wir langsam das Vertrauen der großen Vögel gewonnen hatten, setzten wir in Filmentfernung vom Nest durchsichtige Bündel von Büschen in den sonst deckungslosen Sumpf. Auch diese Veränderung wurde von den Vögeln schnell akzeptiert. Jetzt gingen wir täglich laut sprechend und pfeifend näher an den Brutplatz heran. Hatte sich der Kranich vom Nest entfernt, gingen wir schnell zu den Kunstbüschen und veränderten sie mit Schilfmatten in ein immer dichteres Fotoversteck. In die Öffnung für das Teleobjektiv steckte ich eine Flasche. Der brütende Vogel sollte sich an reflektierende Gegenstände gewöhnen und nicht mehr von ihnen irritieren lassen. Um ihn an das Kamerageräusch zu gewöhnen, packte ich einen alten Wecker ohne Klingel in eine Zigarrenkiste und ließ ihn einmal am Tag im Versteck abschnurren. So hantierten wir etwa drei Wochen lang im Kranichgelände vorsichtig herum. Da Kraniche dreißig Tage brüten, konnten wir uns ausrechnen, wann die Jungen schlüpfen würden. Es gelang, die ersten Lebensstunden der frischgeschlüpften Kraniche im Film festzuhalten. Doch dann führten die Altvögel ihre Kinder vom Nest. Zwei Jungkraniche waren geschlüpft. Jeweils ein Elternteil kümmerte sich um einen Jungvogel. Jetzt, im Sumpf verborgen, war die weitere Aufzucht der Jungkraniche dem Auge der Kamera entzogen. Es bestand kaum eine Möglichkeit, den Lebensweg der Jungkraniche bis zum Ausfliegen filmisch aufzuzeichnen. Deshalb beschlossen wir, selbst einen Jungkranich aufzuziehen, und ich bekam den Auftrag, diesen „Filmstar" zu beschaffen.

Zu dieser Zeit hatte ich ein Kranichpaar unter Beobachtung, das in einem Sumpf direkt auf der Zonengrenze brütete. Als mit den ersten Markierungen für eine deutsch-deutsche Grenze begonnen wurde, war abzusehen, daß dieses Kranichpaar seinen Brutplatz verlieren würde. Von der Jagdbehörde und vom Jagdbesitzer (der Kranich war damals noch als jagdbare Tierart mit ganzjähriger Schonzeit eingestuft) holte ich mir die Genehmigung, einen Jungkranich aus dem Grenznest zu entnehmen, um ihn in Gefangenschaft aufzuziehen. Der Pionier der Verhaltensforschung, Konrad Lorenz, hat mehrfach demonstriert, wie junge Gänse, wenn sie direkt bei der Geburt mit ihrem Pfleger in Verbindung kommen, derart auf ihn geprägt werden, daß sie nicht ihren Eltern, sondern nur noch ihrem Pfleger folgen. Diese Prägung auf den Menschen wollte ich bei dem jungen Kranich aus dem Grenzsumpf erreichen. Als mir der Altvogel durch sein Verhalten signalisierte, daß der Schlupfakt begonnen hatte, stapfte ich schnell zum Nest. Der Jungvogel strampelte sich gerade aus der Eischale frei. Vorsichtig hob ich das piepsende Federknäuel auf. Da ich gelernt hatte in der Art der Kraniche zu „sprechen", gab ich den Stimmfühlungslaut des Altvogels zurück. Jetzt war das Küken zufrieden und kuschelte sich auf meiner Brust unter dem Hemd zusammen. Die nächsten zwei Tage hielten wir beide immer einen engen Körperkontakt. Dann brachte ich den Jungvogel zur weiteren Aufzucht nach Hamburg. Dort, im Naturschutzgebiet Duvenstedter Brook, fand der kleine Kranich auf einer Naturschutzstation sein neues Zuhause. Er wuchs am Rande eines Sumpfes auf. Alle Phasen seines Aufwachsens, seines Verhaltens konnten mühelos im Film festgehalten werden. Auf einer Pressefahrt taufte der damalige Oberbürgermeister von Hamburg, Max Brauer, den Jungkranich auf den Namen „Iby".

Die Beziehung zum Menschen war für Iby so stark, daß er sich zur Herbstzeit nicht seinen vorüberfliegenden Artgenossen anschloß. Das wurde ihm schließlich zum Verhängnis. Eines Abends, als er am Eingang des Naturschutzgebietes herumstolzierte, wurde er „gekidnappt". Die Gangster meldeten sich beim Leiter des Hamburger Naturschutzamtes und forderten ein Lösegeld für den Filmkranich. Der Vogel hatte jedoch inzwischen eine so große Berühmtheit erlangt, daß sofort die Kriminalpolizei den Fall übernahm. Wahrscheinlich war dadurch den Kranichräubern der Boden zu heiß geworden. Iby tauchte nie mehr auf.

Doch Iby lebt im Film „Die grauen Einsiedler" weiter. Mit diesem Film, es gab nur eine Kopie davon, gingen wir über die Dörfer und warben in Schulen sowie in Jäger- und Bauernversammlungen für die Kraniche. Mit Erfolg! Das erste Kranichschutzgebiet wurde in Niedersachsen eingerichtet. Der Entwässerungskanal mußte um die Brutplätze herumgeführt werden. Nach den Angaben des Wasserwirtschaftsamtes entstanden dadurch Mehrkosten von 80 000 DM, eine fast unvorstellbare Summe in einer Zeit, zu der der Naturschutz noch kaum einen politischen Stellenwert hatte.

Unter der Redaktion von Alfred Schmitt machten wir mit dem Kranichfilm den ersten Schritt von der reinen Verhaltens- und Naturdokumentation zum Naturschutzfilm. Im Filmbeitrag „Zuflucht im Sumpf" – er wurde noch in Schwarz-weiß gedreht – dokumentierten wir im Jahr 1969 im Fernsehen zum erstenmal alle Arbeiten, die zur Rettung eines Kranichplatzes notwendig sind.

Inzwischen waren die Schutzprojekte für den Kranich weiter vorangekommen. Im Vogelpark Walsrode in der Lüneburger Heide wurde ein

Spendenbrunnen für die Umweltstiftung WWF Deutschland eingerichtet. Aus diesem Spendenbrunnen kam das erste Geld, um Brutplätze anzukaufen, anzupachten und aufzustauen. Ein Fachmann konnte als Organisator und Koordinator für alle „Kranichaktivitäten" eingestellt und besoldet werden. Dieser brachte seine Erfahrungen zum Schutz der Kraniche mit Erfolg bei Flurbereinigungsverfahren ein. Naturschutzbehörden, die Bundesregierung und die Lufthansa, die den Kranich als Emblem führt, gaben Geld zum Ankauf von Feuchtgebieten, um den Kranichen eine Heimstatt zu erhalten oder neue Lebensräume zu schaffen.

Der Deutsche Bund für Vogelschutz, der mit seiner Landesgruppe Hamburg aus dem Kranichprojekt der Vogelschutzstation Lüneburg in Niedersachsen eine Art Modellvorhaben zur Rettung bedrohter Tierarten entwickelt hat, machte 1978 den Kranich zum „Vogel des Jahres". Dazu erschien in der Sendung „Paradiese aus Menschenhand" der Filmbeitrag „Unternehmen Kranich". Dieser Bericht zeigte die Bemühungen zur Rettung verschiedener Kranicharten. Der Film erbrachte mehr als eine halbe Million DM an Spenden für die deutschen Kraniche. Inzwischen ist der Kranich weltweit zum Symbol für die Erhaltung von Feuchtgebieten geworden. Wo er erscheint, kann er auf Schutz und Hilfe rechnen. Wenn wir heute in der Bundesrepublik wieder über fünfzig Kranichbrutpaare haben, dann hat auch der Film daran seinen Anteil.

Wilhelm Möller

Der Schuhschnabel

Mit dem ersten Dämmerlicht werde ich wach. Weit hallendes Schnabelklappern und gutturale Begrüßungslaute sind an diesem Morgen mein Wecker. Etwas Außergewöhnliches muß passiert sein. Zu so früher Stunde hat sich das Schuhschnabelmännchen bisher nie am Nest gezeigt. Es dauert eine Weile, bis ich mich in dem engen Beobachtungsversteck in Sitzposition gezwängt habe. Schemenhaft erkenne ich die Umrisse der beiden Vögel. Das große Männchen steht aufrecht auf der schwimmenden Nestplattform, das Weibchen hantiert mit seinem schuhförmigen Schnabel vorsichtig in der Nestmulde. Mehr kann ich nicht erkennen, noch ist es zu dunkel. Aber ich erahne das Ereignis. Heute nacht muß das erste Junge aus dem Ei geschlüpft sein. Ein Ereignis, auf das ich seit sieben Tagen und Nächten in meinem Sumpfversteck gewartet habe. In einer halben Stunde wird die Sonne über den östlichen Bergen aufgehen. Zeit genug, um Stativ, Kamera und Ton in Position zu bringen.

Vor gut drei Monaten waren wir zum erstenmal auf dieses Schuhschnabelpaar im Ajama-Sumpfsee gestoßen. Von unserem Standlager am Kapiri-Felsen war es ein mühsamer, dreistündiger Fußmarsch durch knie- bis hüfthohes Wasser entlang des Sumpfes. Damals fanden wir das Paar in der Hochzeitsvorbereitung. Die Vögel segelten einzeln oder gemeinsam in der Vormittagsthermik über ihr weites Revier. Jeder Artgenosse, der es wagte, in diesem Revier zu fischen, wurde aus der Luft angegriffen und vertrieben. Zu Anfang war es gar nicht so einfach, die Schuhschnäbel als solche in der Luft zu erkennen. Es bedurfte schon einiger Erfahrung, das Flugbild von dem des viel häufigeren Goliath-Reihers zu unterscheiden. Nach dem Flug landeten beide Partner im Zentrum ihres Reviers. Eine lange, rituale Begrüßung folgte. Tiefe, gegenseitige Verbeugungen, begleitet von Klapperstrophen des klobigen Schnabels festigten das Band zwischen den sonst als Einzelgänger lebenden Schuhschnäbeln. Eines

Im Camp.

war klar: über kurz oder lang würde dieses Paar mit dem Nestbau und der Brut beginnen. Das war unsere Chance, die mußten wir einfach wahrnehmen. Zeit spielte jetzt keine Rolle mehr.

In den vergangenen acht Monaten war es uns nicht gelungen, den Beginn des Brutgeschäfts dieser wohl merkwürdigsten Vögel des zentralen Afrika zu beobachten und zu filmen.

Bei den einheimischen Atesos hatte es sich schnell herumgesprochen: Am Kapiri-Felsen sitzen zwei scheinbar verrückte Wasungus (Fremde), die sich für nichts anderes als den großen „Ekurududu" im Sumpf interessieren. Schon bald erschien eine Abordnung aus dem Dorf. Für eine kleine Belohnung wollte man uns das Nest des Ekurududus, des Schuhschnabels, zeigen. In einer Flotte von Einbäumen, die mühsam durch die

dichte Papyrus- und Schilflandschaft stakte, erreichten wir nach etwa einer Stunde den Platz. Tatsächlich lag vor uns eine große Nestanlage in brusttiefem Wasser: etwa 1,20 Meter im Durchmesser, locker aus Schilfhalmen zusammengesetzt.

In der älteren Literatur existieren sehr widersprüchliche, zum Teil kuriose Geschichten über das Schuhschnabelnest. Vom Einzelbrüter im dichten Papyrussumpf bis hin zum Koloniebrüter in Bäumen reicht die Palette. – Nach unseren bisherigen Beobachtungen war es klar: Irgendwo im Zentrum des drei bis fünf Quadratkilometer großen Reviers mußte der Brutplatz als Boden- oder Schwimmnest zu finden sein. Mein Bruder Peter, sonst sehr optimistisch, meldete Bedenken über die Echtheit dieses Nestes an.

In der Tat, in diesem Sumpfteil hatten wir noch nie Schuhschnäbel gesehen. Es war das Gebiet der Bakenyi Leute, Sumpffischer, die von der Jagd auf Lungenfische und Welse leben. Ich machte mich daran, das Nest näher zu untersuchen. Ohne einzusinken trug es mein Gewicht. Ich entfernte die obersten Lagen und entdeckte etwas, was mit Sicherheit von keinem Schuhschnabel oder sonst einem Vogel stammen konnte. Die unteren Schilfhalme wurden kunstvoll mit einem Kreuzknoten zusammengehalten. Saubere Arbeit, leider nur von den jetzt um ihre Belohnung bangenden Leuten extra für uns gebaut. Offensichtlich waren die Wasungus nicht ganz so dumm, wie man geglaubt hatte.

Später haben wir dann, auch ohne die rührige Hilfe der Einheimischen, verschiedene, diesmal echte Nester gefunden. Doch hier im Ajama-Sumpf konnten wir die Balz, den Nestbau und die Brutphase bis zum Schlupf zum erstenmal beobachten und filmen.

Im ersten fahlen Morgenlicht kann ich das kleine, silbergraue Etwas erkennen. Es ist nicht länger als die mittlere Zehe der Eltern. Das Küken kauert dicht neben dem zweiten Ei und schaut keck in eine ihm noch völlig unbekannte Welt. Der Schnabel ist im Ansatz relativ breit, hat aber nicht im entferntesten Ähnlichkeit mit dem der Eltern. Überhaupt ist es schwer vorstellbar, daß sich aus diesem Winzling einmal ein richtiger Schuhschnabel von immerhin 1,30 Meter Standhöhe und ca. 1,80 Meter Flügelspanne entwickeln soll. Noch könnte er sich bequem im väterlichen Schnabel verstecken.

Ganz vorsichtig lockert das Weibchen mit dem Schnabel die oberen Nestschichten auf. Auch der Vater bemüht seinen wuchtigen Kopf nieder und schaut minutenlang auf den Nachwuchs.

Ich möchte wissen, was die Vogeleltern in diesem Augenblick empfinden. Gestern noch lagen zwei bewegungslose, schmutzigweiße Eier im Nest. Aus dem einen war über Nacht ein sich munter bewegendes Vogelkind geworden. Ganz sicher wußte das Weibchen schon seit gestern Bescheid. Den ganzen Tag war es eifrig mit Reparaturen am Nest beschäftigt und stand ungewöhnlich häufig vom Gelege auf, um seine beiden Eier zu betrachten. Als der Partner zur Brutablösung kam, machte es keine Anstalten, das Gelege zu verlassen. Auch die langanhaltende Begrüßung heute morgen vor Sonnenaufgang war sicher Ausdruck höchster Erregung, wenn nicht gar Freude, was immer man darunter bei einem Vogel verstehen will.

Für mich trifft beides zu, Erregung und Freude. Dies ist ganz sicher einer der Höhepunkte unserer bisherigen Sumpfexpedition. Die Mühen und Anstrengungen der letzten Monate sind vergessen. Meine durch ungezählte Moskitostiche geschwollenen Hände und Augen belasten mich heute morgen kaum. Zum erstenmal in meinem Leben sehe ich im Kamerasucher ein Schuhschnabel-Eintagsküken. Ich warte, bis sich beide Altvögel zu ihrem Neugeborenen niederbeugen, dann lasse ich die Kamera laufen.

Um acht Uhr habe ich Funkkontakt mit Peter. Ich informiere ihn über die sensationelle Neuigkeit. Frühestens in drei Stunden wird er mit dem Faltboot hier sein, sieben Kilometer Sumpfgewässer liegen zwischen uns. Wir wollen das Küken messen und wiegen. Außerdem soll Peter Lebensmittel mitbringen: Bananen, Manjok und Trockenfisch. Noch drei bis vier Tage werde ich in meinem Sumpfexil aushalten müssen, um die ersten Fütterungen und den Schlupf des zweiten Kükens zu erleben.

Zu Beginn der Brutzeit haben wir dieses Versteck im Sumpf gebaut. Gut 100 Meter vom Nest entfernt errichteten wir eine zwei Quadratmeter große Plattform auf Stelzen im Sumpf. Um die Störung für die anfänglich sehr scheu reagierenden Schuhschnäbel so gering wie möglich zu halten, arbeiteten wir maximal zwei Stunden am Tag. Nach einer Woche stand die kleine, mit Schilf gedeckte Hütte. Sie bot gerade Platz zum Liegen und Sitzen, aufrechtes Stehen war nicht möglich. Dann brauchten wir eine weitere Woche, um das Versteck schrittweise bis auf 12 Meter an das Nest zu bewegen.

Jeder Tag brachte neues Bangen. Würden die Schuhschnäbel unsere Aktivitäten verkraften? Nach jedem Tag Arbeit im Sumpf folgte ein Ruhetag: Ruhe für das Brutpaar. Aus der luftigen Höhe eines Baums am Sumpfrand konnten wir das Verhalten der Vögel beobachten.

Wenn Tierfilmerei, Wissenschaft oder anderes den Aufenthalt im unmittelbaren Bereich einer Brutstätte notwendig macht, immer muß das Wohlergehen der Tiere oberstes Gebot bleiben, alles andere muß zurückstehen. Dazu gehört ein möglichst genaues Wissen über das Verhalten des betreffenden Tieres, Einfühlsamkeit und viel, viel Geduld. In unserer hektischen, an Terminen sich orientierenden Welt ist Geduld eine seltene Eigenschaft geworden. Aber gerade Geduld, weit mehr als professionelles Know-how über Kamerasysteme, Objektive und Tonausrüstung, ist in der Wildtierfotografie und -filmerei der eigentliche Schlüssel zum Erfolg.

Durch unser vorsichtiges Vorgehen fühlten sich die Schuhschnäbel nicht gestört und blieben in ihrem Gelege. Jetzt, zu Ende der Brutzeit, haben sie sich vollkommen an das Versteck vor ihrer Haustür und an das gelegentliche Surren der Kamera gewöhnt. Manchmal landet ein Altvogel in Greifweite neben mir, um dann in dem ihm eigenen Zeitlupengang zum Nest zu gehen.

Leider werde ich dieses Paar nicht bis zum Ausfliegen der Jungvögel verfolgen können. In wenigen Wochen laufen die Visa ab, dann müssen wir endgültig unsere Zelte abbrechen. Ein volles Jahr sind wir unterwegs gewesen. Ein Jahr, so angefüllt mit Erlebnissen, daß es mir vorkommt, als wären wir erst kürzlich von daheim aufgebrochen. Wie war es eigentlich dazu gekommen? Was brachte einen Biologiestudenten dazu, der Universität für einige Zeit den Rücken zu kehren, um auf eigene Faust und Rechnung in den Sumpfgebieten Ugandas nach dem Schuhschnabel zu suchen?

Die Idee dazu wurde bereits im zweiten Semester geboren. Bei einer Zooexkursion hörte ich zum erstenmal, daß über die Biologie des Schuhschnabels kaum etwas bekannt war. Sein Lebensraum waren die ausgedehnten, unzugänglichen Sumpfgebiete südlich der Sahara im zentralen Afrika. Eugen Schuhmacher, einer der Altmeister des Tierfilms, hatte sich erheblich um diesen Vogel bemüht. Trotz intensiver Bemühungen war es seinem Team nicht gelungen, ein Nest zu finden, für mich eine ungeheure Herausforderung. Mein Bruder Peter ließ sich von der Idee anstecken. Auch Willi Räder hatte ähnliche Ambitionen. Er träumte von Freilandforschung im afrikanischen Busch. Parallel zum Studium trafen wir Vorbereitungen für unsere Expedition.

Drei Länder standen zur Auswahl: der Südsudan, Uganda und Sambia. Obwohl Uganda unter der Herrschaft des Despoten Idi Amin stand, der in regelmäßigen Abständen für negative Schlagzeilen in der Weltpresse sorgte, entschieden wir uns für dieses Land. Einer unserer Professoren, Hans Klingel, war seit Jahren mit seiner Forschung über Flußpferde in Uganda aktiv. Dank seiner Hilfe bekamen wir die notwendigen Kontakte und Genehmigungen.

Bevor die Arbeit in den ugandischen Sümpfen aufgenommen werden konnte, stand uns eine lange Reise bevor: 6000 km auf Schotter-, Sand- und Urwaldpisten durch den halben afrikanischen Kontinent. Nach zweimonatiger Fahrt durch die Sahara, den Sahelgürtel und durch die Regenwälder von Zaïre erreichten wir Ende des Jahres 1976 unser Ziel im zentralen Afrika. Die Bilanz dieser Reise waren ungezählte Reifenpannen, zweimaliger Motorwechsel im Wüstensand und ein angebrochener, pro-

Der Schuhschnabel. Elterntiere am Nest.

visorisch geflickter Fahrzeugrahmen. Eine Reise, die wir im Jetzeitalter auch in bequemen Sitzen in acht Stunden hätten machen können.

Der Grund für die etwas verrückte Idee, Uganda auf dem Landweg zu erreichen, lag vornehmlich in unserer umfangreichen Ausrüstung. Wie hätten wir ein Fahrzeug mit allen erdenklichen Ersatzteilen, ein Faltboot, Foto- und Filmausrüstung, Zelte und all die vielen notwendigen und nützlichen Kleinigkeiten nach Uganda bekommen? Idi Amin hatte in kurzer Zeit die Wirtschaft seines Landes durch politisches Chaos zum Zusammenbruch gebracht. Willkür und Korruption waren an der Tagesordnung. Per Seefracht wäre wohl kaum etwas heil angekommen. Die Entscheidung für eine Über-Land-Tour wurde ganz sicher auch durch unsere jugendliche Abenteuerlust beeinflußt.

Jetzt waren wir am Ziel. Wo aber in den unermeßlichen Sumpfgebieten Ugandas mit der Suche anfangen? Die Angaben in der Literatur über die Verbreitung des Schuhschnabels waren spärlich und ungenau. Ein Blick auf die Karte von Uganda offenbart, daß alle großen Seen des Landes von riesigen Sumpfgebieten eingerahmt sind. Einiges sprach dafür, daß wir im Südwesten des Landes, im Queen Elizabeth National Park, an den Ufern des Edward- und George-Sees Glück haben könnten. Zwar hatte keiner der Wildhüter den Schuhschnabel jemals gesehen, in einer alten Liste der hier heimischen Vögel tauchte er aber auf.

Ich weiß nicht mehr, wer von uns den ersten Schuhschnabel entdeckte. Wir waren nach tagelanger vergeblicher Suche entlang des Edward-Sees bis in die Nähe des Fischerdorfes Rwenshama vorgestoßen. Und dann war er plötzlich da. Im vollen Sonnenlicht, unbeweglich, wie eine Statue aus grauem Stein stand dieser Vogel offen auf dem Schwimmrasenteppich. So, als hätte er schon lange auf uns gewartet.

In Ermangelung hoher Bäume bauten wir einen sechs Meter hohen Beobachtungsturm aus rohen Stämmen. Von hier oben hatten wir den Sumpf gut unter Kontrolle. Es war relativ einfach, unseren Schuhschnabel über den Tag zu verfolgen. Er hielt sich in einem begrenzten Gebiet auf, war morgens und abends mit Fischfang beschäftigt, ansonsten war er die versteinerte Ruhe selbst. Unsere Hoffnung, andere Artgenossen zu finden, wurde nicht erfüllt. Uns blieb nichts anderes übrig, als die Suche fortzusetzen.

Im südlich angrenzenden Sumpf entdeckten wir zwei weitere Schuhschnäbel, diesmal von der Wasserseite aus. Die Suche mit dem Faltboot war am Edward-See nicht immer unproblematisch. Wir mußten vor den

Flußpferden auf der Hut sein. Nur deren hochgestellte Augen und Nasenöffnungen schauten aus dem Wasser, in der Schwimmrasenvegetation oft nicht zu erkennen. Gelegentlich erhob sich dann so ein Zwei-Tonnen-Koloß aus dem Wasser und ging prustend auf uns los. Die dünne Bootshaut bot keinerlei Schutz vor den gewaltigen Zähnen. Gewöhnlich versuchten wir die Tiere weiträumig zu umfahren.

Bei den neu entdeckten beiden Schuhschnäbeln hatten wir es offensichtlich mit einem Paar zu tun. Während der Ruhephasen standen sie oft dicht beieinander, beim Fischfang jedoch ging jeder seinen eigenen Weg. Und jetzt erkannten wir auch, daß unser erster Vogel ein noch nicht geschlechtsreifer Jungvogel sein mußte, möglicherweise der Nachwuchs dieses Paares. Im Gegensatz zum ersten Schuhschnabel mit seinem graubraunen Gefieder hatten die beiden Altvögel ein stahlgraues, makelloses Federkleid. Auch deren Federhaube stand nicht so borstig ab wie beim Jungen.

Unsere Zelte standen jetzt in Sichtweite dieses Sumpfes. Natürlich hatten wir die Hoffnung auf eine baldige Brut. Aber nichts dergleichen geschah. Jeder Tag bot dasselbe Bild, wie stoische Statuen stand das Paar, dazwischen gelegentlicher Fischfang, unterbrochen durch kurze Flüge über den Papyruswald. Kein Anzeichen von Balz oder gar Nestbau. So dehnten wir unsere Suche erneut aus bis hinunter an die Ishasha Flats zur Zaïregrenze. Ich denke, daß wir keinen Sumpfteil am Edward-See ausgelassen haben, es blieb dabei: ein Paar und ein Jungvogel im gesamten Gebiet. Wie war das zu erklären? Entweder waren wir hier auf die äußerste Randpopulation der Schuhschnäbel gestoßen, dann müßte es irgendwo anders eine Kernpopulation mit sehr viel höherem Besatz geben. Oder die Schuhschnäbel lebten tatsächlich extrem isoliert, dann wären aber weite Wanderungen erforderlich, um den Zusammenhalt der Gesamtpopulation zu gewährleisten. Was war richtig? Im ersten Fall mußten wir unsere Suche sehr viel großräumiger anlegen, irgendwann würden wir zwangsläufig in die richtigen Gebiete kommen. Im zweiten Fall wäre es egal, wo wir suchten, wir müßten einfach nur sehr viel Glück haben.

Wir legten uns daher einen weitläufigen Plan zurecht. Als nächstes wollten wir uns den George-See vornehmen, dann den Albert-See und die nördlichen und östlichen Ausläufer des weit verzweigten Kyoga-Sees. Den Viktoria-See ließen wir wegen der Nähe der Hauptstadt Kampala außer acht. Wir wollten der Amin-Soldateska so weit wie möglich aus dem Weg gehen.

Eine lange Odyssee begann. Noch einmal so viele Autokilometer wie damals von Deutschland nach Uganda legten wir zurück. Hunderte von Fuß- und Bootskilometern tief in die Sümpfe hinein, stundenlanges Ausharren auf Bäumen, wieder und wieder die Sümpfe mit dem Fernglas absuchend. Wir konstruierten Laufrahmen, die das Einbrechen in den Morast verhinderten. Wir wurden von Moskitos zerstochen und von Beißfliegen geplagt, sammelten abends die Blutegel von unseren Waden. Wir hatten Begegnungen mit Löwen, Elefanten, Nashörnern und Büffeln, erlebten die reiche Palette der vielgestaltigen Sumpfvogelwelt Afrikas. Aber unserem Ziel waren wir nicht viel näher als zu Anfang. Hier und dort fanden wir zwar einzelne Schuhschnäbel, gelegentlich auch als Paar, doch nirgends auch nur das geringste Anzeichen einer Brut. Es war wie verhext. Irgendwo mußten diese Vögel doch einen Platz haben, wo sie ihre Jungen aufzogen.

Willi Räder hatte uns mittlerweile verlassen. Er war nach Kenia gegangen, um mit einer Studie an Giraffengazellen zu beginnen. Er hatte genug von der ewig erfolglosen Suche in den Sümpfen. Die vergangenen Monate waren nicht nur körperlich, sondern auch psychisch aufreibend. Seit Monaten hatten wir kein Brot gesehen. Jeden Morgen zum Frühstück gab es Manjokpfannkuchen und Bananen. Auch Peter und ich waren oft kurz vor der Aufgabe. Zum Glück nie gleichzeitig. So machten wir uns abwechselnd Mut und suchten verbissen weiter.

Und dann fanden wir sie plötzlich. In den östlichen Ausläufern des Kyoga-Sees im Tesoland stießen wir auf Sümpfe, denen die großen zusammenhängenden Papyrusfelder fehlten. Hier wurde das Bild von einer weiten Schilflandschaft geprägt. Innerhalb einer Woche zählten wir über 20 Schuhschnäbel. Hier also waren wir auf eine relativ dichte Population gestoßen. Und die Sümpfe waren vergleichsweise einfach zugänglich. Die alte Bahnlinie Mbale-Soroti und eine Straße durchschnitten auf Dämmen diese Sümpfe. Ein zusätzlicher Pluspunkt waren die bis zu 60 Meter hohen Granitfelsen, die sich urplötzlich aus der Landschaft erhoben. Sie boten ideale Beobachtungsplätze. Der oben erwähnte Kapiri-Felsen war einer von ihnen. An seinem Fuß errichteten wir unser Lager im Schatten eines uralten Mangobaums.

Täglich waren wir jetzt draußen bei den Schuhschnäbeln. Die folgenden Wochen verbrachten wir mit Beobachtungen. Diesen Vogel richtig kennenzulernen, erwies sich jedoch als ausgesprochen schwierig. Meist standen die Schuhschnäbel an für uns schwer zugänglichen Stellen, wir mußten dann von erhöhter Warte aus mit dem Fernglas dranbleiben. Der Versuch auf eine akzeptable Beobachtungsentfernung heranzukommen, erwies sich in der Regel als hoffnungslos. Sobald man sich einem Vogel im Sumpf nähern wollte, verlor man nach wenigen Schritten die Orientierung. Bis zu den Hüften im Wasser, nahm die dichte Vegetation jede Sicht. Trotzdem, nach vielen hundert Beobachtungsstunden formte sich ein immer klareres Bild von der allgemeinen Lebensweise.

Entgegen der häufig zitierten Behauptung in der Literatur, der Schuhschnabel sei ein nächtlich aktives Wesen (man zog diese Schlußfolgerung aus den relativ großen Augen sowie der meist zu beobachtenden statischen Ruhe dieses Vogels) wissen wir heute, daß dieser Einzelgänger nur am Tage aktiv ist. Während der Nacht sucht sich der Schuhschnabel einen trockenen Schilf- oder Binsenhorst und ist, sofern man früh genug aufsteht, am nächsten Morgen genau an dieser Stelle zu finden. Meist deuten einige Mauserfedern und weiße Kotflecken auf den Übernachtungsort hin. Aktiv wird er erst mit dem ersten Tageslicht. Jetzt sucht er sich seine erste Frühstücksration in Form eines fetten Lungenfisches oder eines Welses, dann und wann gibt er sich aber auch einmal mit einer Schlange, einem Frosch oder einer kleinen Sumpfschildkröte zufrieden. Ein alter erfahrener Schuhschnabel sucht nicht wirklich, vielmehr steht er unbeweglich an einem Platz und wartet, bis ein Beutetier in seine Reichweite kommt. Das kann schnell gehen, aber durchaus auch ein oder zwei Stunden dauern. Hat er dann etwas entdeckt, kommt Bewegung in die phlegmatische Erscheinung. Mit einem gewaltigen Satz, unterstützt durch die Flügel, schießt er vorwärts und hält die zappelnde Beute im Schnabel. Es dauert einige Zeit, bis er durch wiederholtes Zubeißen mit dem scharfen Schnabelhaken die Beute getötet hat. Dann wird das Tier zerkleinert, Kopf voran, in einem Stück geschluckt. Oder besser gesagt verschlungen, anders kann man dies bei einem armdicken, 80 Zentimeter langen Lungenfisch nicht nennen. Bei so fetten Brocken also kein Wunder, daß bis zum Nachmittag Ruhe herrscht und erst dann wieder mit einer Jagd zu rechnen ist.

Die Frage, wozu und warum der Schuhschnabel seinen schuhförmigen Schnabel entwickelt hat, war uns lange Zeit nicht ganz klar. Sicher, seine Beutetiere sind groß. Aber dafür würde ein langer spitzer Schnabel mit breiter Basis ausreichen, möglicherweise wäre er sogar besser. Andere fischfressende Vögel im gleichen Lebensraum wie etwa Störche und Reiher haben einen langen spitzen Schnabel, mit dem sie ihre Beute blitzschnell ergreifen können. Die Funktion des eigenartig geformten Schnabels ist mir erst wirklich klar geworden, als ich einen Schuhschnabel in unmittelbarer Nähe beim Fischfang beobachten und filmen konnte. Dies gehörte zu den interessantesten Erlebnissen unserer Expedition.

In einem speziellen Sumpfteil fanden wir eine ähnliche Situation wie damals am Edward-See, ein Schuhschnabelpaar und einen einjährigen Jungvogel, der gerade selbständig wurde. Dieser Jungvogel wurde von seinen Eltern aus dem Kerngebiet des Reviers herausgedrängt. Jedesmal, wenn er sich zurückwagte, gab es aggressive Auseinandersetzungen. So blieb unserem armen Jungen nichts weiter übrig, als sich im Randbereich des Reviers aufzuhalten. Hier wurde er geduldet. Während Peter weiterhin auf der Suche nach einem Brutplatz war, wollte ich versuchen, möglichst nah mit der Kamera an diesen Vogel zu kommen. Die Bedingungen dafür waren günstig. Das Wasser stand in diesem Bereich nur knietief, und die Vegetation war kaum über 50 cm hoch; in der letzten Trockenzeit war hier ein Feuer.

Anfänglich betrug die Fluchtdistanz dieses Vogels etwa 100 Meter. Meine Aufgabe war nun, jeden Tag einige Schritte näher zu kommen, ohne den jungen Schuhschnabel zu vertreiben. Nach vier Wochen war es so weit. Zum erstenmal nahm ich Kamera und Stativ mit in den Sumpf. Der Vogel hatte sich so an mich gewöhnt, daß ich ohne jegliches Versteckspielen auf wenige Meter heran kam. Es ging sogar soweit, daß er neugierig auf mich zukam, wenn beim Laufen Faulschlammblasen an meinen Beinen hochstiegen. Bis auf Armeslänge näherte er sich. War er beim Fischfang, konzentrierte sich der Vogel auf seine nähere Umgebung, ich wurde vollständig ignoriert. Eine phantastische Gelegenheit, aus nächster Umgebung vollkommen natürliches Verhalten zu erleben. Aufnahmen vom Fischfang konnte ich mit der Normaloptik und sogar mit dem Weitwinkel formatfüllend machen.

Bei diesen Aufnahmen erkannte ich, wozu der Schuhschnabel seinen namengebenden Schnabel brauchte. Die Form ist keine Laune der Natur, sondern macht wirklich Sinn. Potentielle Beutetiere können im Sumpfwasser nicht gesehen werden. Was zu erkennen ist, ist die sich bewegende Vegetation, wenn sich ein Lungenfisch oder ein Wels vorbeischlängelt. Das ist natürlich nur eine sehr grobe Ortung. Und jetzt wirkt der zustoßende Schnabel wie ein Schaufelbagger. Zusammen mit dem Beutetier fördert er Vegetation und Morast zutage. Dieses Pflanzenmaterial wird dann vor dem Verschlingen der Beute abgeschüttelt.

Eine Analogie zu dieser Beutefangmethode finden wir bei den einheimischen Korbfischerinnen. Die Frauen ziehen mit weiten, oval geflochtenen Körben in den Sumpf, stellen den Korb vor sich auf und scheuchen durch Trampeln der Füße alles Sumpfgetier in die offenen Körbe. Auch hier ist die Beute vorher unsichtbar.

Bei dieser Fangmethode wird deutlich, daß der Schuhschnabel eine ökologische Nahrungsnische konkurrenzlos besetzt. Andere Fischfresser wie Schreiseeadler, Pelikane und Otter sind auf die offenen Wasserflächen angewiesen. Reiher und Störche müssen sich mit kleinen Fischen zufriedengeben. Kein anderer Beutegreifer nutzt das Angebot der großen Fische im Sumpf. Und hier liegt vermutlich auch die Erklärung für die solitäre Lebensweise des Schuhschnabels. Das Angebot an großen Fischen in einem Sumpf ist nun einmal begrenzt. Denn bevor ein Fisch eine für den Schuhschnabel annehmbare Größe erreicht hat, wird er mit großer Wahrscheinlichkeit vorher von einem anderen Beutegreifer gefressen. Ein zu dichter Schuhschnabelbesatz würde schon bald nichts mehr zum Jagen übriglassen. Eine Lebensweise als Einzelgänger und die riesigen Reviere zur Brutzeit von drei bis fünf Quadratkilometern, in denen kein fremder Artgenosse geduldet wird, sorgen dagegen für ein sicheres Auskommen.

Mittlerweile hatte Peter ein Paar gefunden, das sich zur Brut bereit machte. Seit Tagen sah er von seinem Beobachtungsbaum die Vögel immer wieder an einem bestimmten Platz landen. Aber wie diesen Platz erreichen? Eine Orientierung war fast unmöglich. Es gab nur einen Weg: Einer müßte an Land bleiben und dem anderen per Sprechfunk Anweisungen über Richtung und Entfernung geben. Das versprach ein hartes Stück Arbeit zu werden. Mit einem langen Stock, am oberen Ende ein roter Stoff-Fetzen befestigt, das Funkgerät auf den Kopf gebunden, zog Peter los. Alle paar Meter erschien die rote Fahne über der Vegetation. „Etwas weiter links ... gut so, jetzt geradeaus ..." waren meine Anweisungen. Nur ganz langsam kam Peter voran. Aus meiner Sicht mußte er jetzt unmittelbar vor dem vermuteten Nest sein, als ein Schuhschnabel von dieser Stelle flach abflog.

Gleich darauf kam Peters Bestätigung: „Glückwunsch, wir haben ihn. Ein Jungvogel im Nest. Schon ziemlich fetter Kerl, ich schätze ihn auf etwa drei Wochen."

Ich atmete auf. Endlich, nach vielen Monaten war es geschafft. Die Vorbereitungen zum Filmen würden vergleichsweise einfach werden. Wir hatten zunächst eine Schneise für das Faltboot zu schlagen, um die

Ausrüstung trocken an den Brutplatz zu bringen. Dann mußte ein Versteck gebaut werden. Der Rest würde geduldiges Ausharren und Beobachten sein.

14 Tage später saß ich zum erstenmal in dem Versteck und erlebte das intime Familienleben der Schuhschnäbel. Der Jungvogel war ein unersättlicher Bettler. Jedesmal, wenn ein Altvogel am Nest erschien, fing er an: „hook-ah, hook-ah, hook-ah . . .“, wobei er, auf den Tarsalgelenken sitzend, seinen Schnabel dem Altvogel entgegenstreckte. Dieser fühlte sich dann genötigt, einen Fisch hervorzuwürgen. Im Nu hatte die Beute den Besitzer gewechselt. Gleich den Altvögeln verschlang der junge Schuhschnabel den Fisch als Ganzes. Bei größeren Beutetieren gab es da schon Schwierigkeiten. Gelegentlich hing der Schwanz eines großen Lungenfischs noch lange Zeit aus dem Schnabel, während das Kopfende bereits verdaut wurde. Der Jungvogel schien an dem großen Brocken schier zu ersticken. Kopflastig geworden, fiel er immer wieder auf den Schnabel.

Während der ersten Zeit unserer Beobachtung am Nest war stets ein Altvogel anwesend. Mehrmals am Tag wurde frisches Nistmaterial aufs Nest gebracht. Im warmen Sumpfwasser verrotteten die unteren Nestlagen und mußten entsprechend aufgestockt werden. Nistmaterial wurde in der näheren Umgebung mit dem Schnabel ausgerissen. So glich das Umfeld bald einer Rodung. Später, im Alter von etwa 10 Wochen, wurde der Jungvogel lange Zeit allein gelassen. Vier- bis fünfmal am Tag brachte einer der Altvögel Futter, das Weibchen leistete ihrem Jungen auch schon mal einige Stunden Gesellschaft, ansonsten blieb sich der junge Schuhschnabel selbst überlassen. Die Eltern waren auf Beutefang für den ständig hungrigen Jungen. Mittlerweile war er prächtig herangewachsen, das Daunenkleid wurde langsam in ein echtes Gefieder getauscht.

Wir hatten keine Ahnung, wie lange es dauern würde, bis der Jungvogel das Nest verlassen würde. Wir rechneten mit drei bis vier Monaten. Aber so weit kamen wir gar nicht. Eines Morgens, in der 12. Woche, war der Jungvogel spurlos verschwunden. Gegen acht Uhr erschien das Männchen, stand eine Weile unschlüssig auf dem Nest und fing an zu klappern wie bei einer Begrüßung. Kurze Zeit später flog das Weibchen ein. Vom Jungvogel war nach wie vor keine Spur.

Bis heute weiß ich nicht, was in dieser Nacht passiert ist. Kaum 15 Meter vom Nest entfernt habe ich nichts gehört, ich muß fest geschlafen haben. Obwohl die einheimischen Fischer gelegentlich junge Schuhschnäbel aus dem Nest holen und sie zum Zweck des späteren Verzehrs mit Fischabfällen großziehen, sind menschliche Nesträuber auszuschließen. Während der Nacht würde sich niemand auf den Weg in die Sümpfe machen. Die einzige Erklärung, die ich für das Verschwinden des Jungvogels habe, ist die, daß er die Beute eines Krokodils oder möglicherweise einer Python geworden ist.

Bis gegen Mittag blieb ich noch im Versteck, um die Reaktion der Altvögel zu beobachten. Sie waren kurz nach ihrem ersten Besuch wieder abgeflogen. Gegen 11 Uhr kam dann noch einmal das Weibchen, offenbar wollte es sein Junges füttern. Es legte noch einmal ein paar frische Halme auf das Nest, ordnete die obersten Lagen, wie es dies immer gemacht hatte, und flog davon.

Bis wir das Brutpaar am Ajama-Sumpfsee fanden, entdeckten wir noch zwei weitere Nester. Diese Plätze erwiesen sich aber als so schwer zugänglich, daß der Aufbau eines Verstecks fast unmöglich war. Es war schon ein großer Glücksfall, daß wir, nur wenige Bootskilometer vom Kapiri-Felsen entfernt, ein brütendes Paar fanden. Es sind 24 Stunden seit dem Schlupf des ersten Kükens vergangen. Das zweite Ei ist ebenfalls angepickt. Stets ist einer der Altvögel am Nest und hudert das Junge. Dieser kleine Kerl hat bislang noch kein Futter von seinen Eltern bekommen. Den ersten Tag war er noch viel zu schwach zum Fressen. Jetzt kommt das Männchen ans Nest. Behäbig steht das Weibchen auf und begrüßt den Partner mit einer Klapperstrophe. Das Männchen beugt sich über die Nestmulde und würgt einen angedauten, etwa 30 Zentimeter langen Wels hervor, der vor dem Küken auf den Boden fällt. Unmöglich kann der kleine Schuhschnabel diesen Fisch schlucken. Richtig, das Männchen nimmt den Wels wieder auf, zerkaut ihn mit den scharfen Schnabelkanten und bietet diesen „Hackfisch" dem Jungen an. Gierig reißt dieser mit dem kleinen Schnabel winzige Bröckchen davon ab. Ein Bruchteil des Fisches reicht für die erste Mahlzeit. Der Rest wird vom Altvogel wieder verschluckt.

Es ist heiß geworden, keine Wolke steht am Himmel, kein kühlender Wind weht. In meinem Versteck läuft mir der Schweiß über Gesicht und Rücken. Das Küken liegt im Schatten der Mutter und hechelt. Das Weibchen legt sich nicht nieder, das würde die Hitze in der Nestmulde nur noch verstärken. Jetzt steigt der Altvogel vom Nest, steht bis zum Bauchgefieder im Wasser und schöpft mit dem Schnabel Wasser. Zurück am Nest beugt er sich über Küken und Ei, öffnet den Schnabel, und das eben geschöpfte Wasser träufelt übers Gelege. Ähnlich wie ich mir ein feuchtes Handtuch zur Kühlung über Kopf und Nacken gelegt habe, kühlt der

Schuhschnabel seine Brut mit Wasser. Durch die Verdunstung wird dem kleinen Körper und dem Ei überschüssige Wärme entzogen. Eine einfache, aber sehr wirksame Klimaregelung.

48 Stunden sind vergangen. Das zweite Küken hat sich vollständig aus seiner Eischale befreit. Klein und hilflos liegt es neben dem zwei Tage älteren Nestgeschwister. Im direkten Vergleich der beiden Küken erkenne ich, wie kräftig das Erstgeschlüpfte in diesen zwei Tagen geworden ist. Und es scheint nicht sehr begeistert über die jetzt doppelte Nestbesetzung zu sein. Von der ersten Stunde an setzt es gezielte Hiebe auf den Kopf des Jüngeren. Dieses hat keine Möglichkeit der Gegenwehr, es ist viel zu schwach. Besonders aggressiv wird das ältere Küken vor den Fütterungen. Die Altvögel scheinen von der Rangelei ihrer Jungen nicht im geringsten berührt zu sein. Unbeteiligt stehen sie daneben. Es ist offensichtlich, daß das jüngere Schuhschnabelkind keine großen Überlebenschancen hat. Und dies erklärt auch die Tatsache, daß man in der Regel zwei, manchmal drei Eier im Nest findet, später aber meist nur einen Jungvogel antrifft.

Dieses „Kain-und-Abel-Verhalten" ist, auch wenn es uns grausam erscheint, biologisch sinnvoll. Wir müssen annehmen, daß ein Schuhschnabelpaar nur einen Jungvogel erfolgreich aufziehen kann. Der begrenzende Faktor mag im Nahrungsangebot liegen. Daß trotzdem zwei bis drei Eier produziert werden, ist keine Verschwendung der Natur. Stets ist mit dem Risiko eines unbefruchteten Eis oder eines letalen Embryos zu rechnen. In einem solchen Fall wäre bei nur einem Ei die ganze Vorbereitung wie Balz, Nestbau und Brutzeit umsonst gewesen.

Wir können die Geschichte im Ajama-Sumpfsee nicht zu Ende verfolgen. Vor unserer Abreise aus Uganda gibt es noch einiges zu tun: Berichte schreiben, Fahrzeug verkaufen, Flugtickets besorgen und Ähnliches mehr. Am zehnten Tag holt Peter mich mit dem Boot ab. Zehn Tage habe ich in dem engen Versteck im Sitzen und Liegen ausgehalten. Ich versuche mich aufzurichten, ich stehe. Beim Übersteigen ins Boot versagen meine Beine. Sie sind butterweich. Ich falle hilflos ins Wasser. Peter lacht: „Keine Sorge, in ein paar Tagen kannst Du wieder springen." Auch ich muß lachen. So etwas ist mir noch nie passiert. Mit Peters Unterstützung klettere ich ins Boot. Ich bemerke, wie weiß meine Haut geworden ist im Vergleich zu seiner. Peter paddelt mich zurück. Ich sitze nur einfach da. Es ist herrlich, wieder die weite ruhige Sumpflandschaft um sich zu haben ohne die beengenden Wände des Verstecks.

Georg Rüppell

Sturzfliegende Fischer

Fischadler in Finnland

In Zeitdehnung – zwanzigfach: Die großen Augen sind nach vorn unten gerichtet. Nach einer halben Kurve kippt der Adler über einen Flügel ab. Er hat ihn dazu eingefaltet. So erzeugt dieser Flügel weniger Auftrieb als der andere. Ca. 20 Meter hoch über dem grünschimmernden Wasser ist der Adler noch etwa auf der Höhe der Fichten, dort, wo sich auch die hellgelb geränderten Wolkenberge auftürmen. Bereits jetzt um 10 Uhr vormittags kündigt sich ein Gewitter an. Eichelhäher rätschen, das einzige Geräusch in der sonst totalen Stille. Nein – einige Insekten umschwirren das Mikrophon und erzeugen ein viel zu laut geratenes Summen im Kopfhörer.

Der Fischadler faltet jetzt beide Flügel ein wenig ein und dreht sie abwärts. Der Stoß wird beschleunigt. Der Adler scheint den Fisch genau geortet zu haben. Für uns ist nichts sichtbar. Fische haben einen dunklen Rücken, der sich gegen das dunklere Wasser kaum abhebt, obwohl es hier sehr sauber ist, besonders am Ufer unserer kleinen Insel, auf der wir unser Versteck errichtet haben. Trotzdem können wir keinen einzigen Fisch erkennen. Drüben, in der stillen Bucht, in der manchmal die Elche baden, wäre das nicht weiter verwunderlich. Dort haben sich feinste, moorige Schwebstoffe abgelagert, die bei Wellengang das Wasser bräunlich färben. Vielleicht ist das der Grund dafür, daß die Adler nie dort, sondern vor allen Dingen bei uns zum Fischen kommen. An guten Tagen stoßen mehr als zehn Adler im Umkreis unserer Insel ins Wasser. Heute scheint ein solch guter Tag zu werden. Dies ist bereits der dritte Fischjäger an diesem Morgen.

Der Adler ist nur noch wenige Meter über dem Wasser. Seine Geschwindigkeit beträgt jetzt rund 80 Stundenkilometer. Die Flügel sind extrem an den Körper gefaltet – ein lebendes Geschoß! Der für uns unsichtbare Fisch scheint nichts zu merken. Alles bleibt im Wasser ruhig.

Noch zwei Meter. Plötzlich schwenken die Adlerbeine nach vorn. Sie überholen den Körper. Direkt vors Gesicht werden sie gestreckt – als Waffe und Schutz zugleich? Die vier Zehen sind extrem gespreizt, zwei nach vorn und zwei nach hinten ausgespannt. Aus dem Geschoß ist eine Harpune geworden. Merkt der Fisch noch immer nichts?

Dies ist das allerschönste Bild: der weißbraune, große Vogel in dieser konzentrierten und fast balletthaften Pose – aber gleichzeitig ein Augenblick voll unglaublicher Spannung, hier der schmale, senkrecht abwärtsrasende Adler – da die ruhige, weite Wasserfläche mit der Tiefe.

Er schlägt ein. Hoch spritzt das Wasser auf. Einzelne Tropfen scheinen in der Luft glitzernd hängen zu bleiben. Der Adler ist völlig im Wasser verschwunden. Endlich erscheint wieder sein Kopf. Dahinter ein Wasserwirbel – ein großer Fischschwanz peitscht Wasser und Luft zugleich. Der Adler verschwindet – taucht wieder auf. Ein erneuter Schwanzschlag des riesigen Fisches droht den Adler umzukippen. Er stützt sich mit einem Flügel auf dem Wasser ab. Dann beginnt er die Flügel zu heben und zu schlagen, weit nach vorn, so daß sie sich fast berühren, und ebenso weit nach hinten. Er scheint bestrebt, das letzte an Luftkraft aus seinen Flügeln herauszuholen. Beim Aufschlag sind die Handschwingen umgedreht, die Federn auseinandergespreizt. Jede einzelne wirkt jetzt als Tragfläche, da um jede einzelne die Luft aus der Schlagrichtung von hinten strömt.

Der Adler beschleunigt – er gewinnt an Höhe. Er zieht den Fisch aus dem Wasser, eine riesige Forelle. Sie schlägt wild um sich, schaufelt dicht über der Seeoberfläche mit der mächtigen Schwanzflosse Wasser empor. Das zieht den Adler wieder abwärts – er sinkt mit seiner Beute zurück –, ein kurzes Ausruhen, dann ein erneuter Startversuch. Dieses Mal hat der Vogel noch weniger Erfolg:

Er muß sehr schnell den Griff seiner gewaltigen Zehen lösen, und der große Fisch sinkt ins Wasser zurück. Mehrere Male konnten wir das Herausziehen der Greifzehen aus einem Fisch beobachten und filmen. Der Adler kann also einen zu großen Fisch wieder loslassen. Adlerskelette, die an riesigen Karpfen hingen, zeugen nur von einigen Unglücksfällen. Denkbar ist, daß die Krallen sich im Skelett des Fisches verhakten und der Adler nicht mehr loskam. Vom Gefieder des startenden Fischadlers perlt das Wasser ab. Im Rhythmus der Flügelschläge schöpft der erschöpfte Vogel intensiv Luft – der Schnabel öffnet sich im Flügeltakt und schließt sich wieder.

Zwei Finnlandsommer lang konnten wir immer wieder Zeugen solcher dramatischen Beutestöße sein. In all den Wochen im Versteckzelt spürten wir nie Langeweile oder Eintönigkeit – immer wenn das kurze, helle „kjück“ eines Adlers über der Bucht erscholl, wurden wir hellwach. Immer wieder starrten wir wie gebannt durch die schmalen Schlitze in der Zeltbahn, wenn die großen Vögel aus dem langsamen Suchflug in die Stoßbahn abkippten. Vielleicht hundert Sturzflüge sahen wir, abgebrochene und vollendete, erfolgreiche und erfolglose. Manch ein Adler benötigte mehr als fünf Versuche, bis er einen Fisch erbeutet hatte. Bei stürmischem Wetter hatten wir den Eindruck, als ob die meisten Adler völlig leer ausgingen.

Nach acht Wochen intensiver Beobachtungs- und Filmarbeit verjagte uns der Seebesitzer. Er schien ärgerlich darüber zu sein, daß unsere Anwesenheit ihn daran hinderte, die Adler zu vertreiben, die seine Fische holten. Auch in Finnland geht manchmal Eigennutz vor Adlerschutz.

Als wir schon wußten, daß wir die wunderschöne Seebucht und unsere kleine Beobachtungsinsel verlassen mußten, machte mir ein Adler noch ein Abschiedsgeschenk: Er hatte eine kapitale Beute aus dem Wasser gezogen, hatte im Steigflug den wild um sich schlagenden Fisch endlich in den Griff gekriegt und Kopf voran strömungsgünstig ausgerichtet. 50 Meter vor mir in der Luft, flog er direkt auf mich zu. Die Zeitlupenkamera lief mit der höchsten Aufnahmefrequenz von 500 Bildern pro Sekunde – da begann der Adler, so als ob er winkte, zunächst die Flügel, dann aber den ganzen aufgeplusterten Körper so intensiv zu schütteln, daß das Wasser herausspritzte. Diese Szene hatte mir noch gefehlt, und nun hatte ich sie – formatfüllend und in Zeitlupe. Ich jubelte so laut, daß der Adler sichtlich beschleunigte und mein Freund Wilhelm Möller übers Wasser fragend rief, ob alles in Ordnung sei. Es war alles in Ordnung. In Finnland ist auch für die Fischadler alles in Ordnung.

Hier haben Tausende von ihnen ihr Auskommen – bei uns in Mitteleuropa sind sie dagegen fast überall ausgerottet worden. Nur in der DDR und in Osteuropa brüten Fischadler noch in nennenswerter Anzahl. Zur Hatz auf diese schönsten und elegantesten Greifer unserer Heimat bliesen Jäger und Fischwirte besonders in der zweiten Hälfte des letzten und in der ersten Hälfte dieses Jahrhunderts. Je mehr der Schnabel gebogen ist, um so gefährlicher ist der Vogel. So lautete damals ein Lehrsatz, der überall in den Schulbüchern zu lesen war.

Fischadler haben gebogene Schnäbel. Sie fressen in der Regel aber nur Fische. Von Schaden für die Fischwirtschaft kann aber eigentlich trotzdem nicht die Rede sein. Nach Zählungen an Karpfenteichen schöpfen die Adler lediglich 1 % des Karpfenbestandes ab; gemessen an den durch Krankheiten bedingten Fischverlusten bis zu 25% ist das verschwindend gering. Der scheinbare Schaden durch die Adler kehrt sich sogar in einen Nutzen um, wenn man bedenkt, daß die Adler der Ausbreitung von Krankheiten entgegenwirken: Wir konnten feststellen, daß die Adler vorzugsweise dicht unter der Wasseroberfläche stehende und langsam schwimmende Fische erbeuten, also meist kranke Tiere, die dann aus dem Gewässer von den Adlern entfernt werden und dadurch Krankheiten auch nicht weiter übertragen.

Wenn auch viele Jäger und Fischteichbesitzer bei uns den Adler mit anderen Augen sehen und sogar schützen, so ist dennoch bei uns kein Platz mehr für ihn. Was dem Adler bei uns niemand mehr zurückgeben kann, ist sein ungestörter Lebensraum. Es gibt in der Bundesrepublik nicht mehr genügend stille Seeflächen und verborgene Teiche. Die Freizeitindustrie samt Ökotourismus haben sich auch der entlegensten Wasserflächen bemächtigt. Nur in wenigen Naturschutzgebieten können Fischadler, wenn sie im Herbst und Frühling unser Land durchqueren, in Frieden Fische fangen – und so ihr seit Jahrtausenden angestammtes Recht wahrnehmen, ein Recht übrigens, das Hunderttausende von Hobbyanglern meinen, sich mit ein paar Geldscheinen legal erwerben zu können.

Das aber ist ein Irrtum, und der Naturhaushalt sollte nicht länger von Angelvereinen durcheinandergebracht werden. Es geht nicht an, daß es kaum noch Gewässer gibt, die nicht von Angelvereinen durch Hineinsetzen und Herausholen von Fischen genutzt werden. Es muß wieder unzugängliche, völlig zugewachsene Ufer geben an Wasserflächen, wo weder Angelkähne noch Freizeitsurfer die Wasservögel stören oder gar gefährden, denn sonst finden die Adler auf ihrem Zug im Herbst und Frühling nicht genug Rast- und Freßplätze, um die lange Reise aus Skandinavien nach Afrika zu überstehen. Nachdem wir schon unsere Fischadler hierzulande ausgerottet haben, sollten wir wenigstens dazu beitragen, den Bestand der skandinavischen Länder zu erhalten.

Wenn der Fischadler völlig ausstirbt, stirbt auch ein Stück unserer Heimat, wie schon so oft in den letzten Jahrzehnten, wenn jeweils eine Tier- oder Pflanzenart ausgerottet und so unwiederbringlich aus der Liste des Lebens getilgt wurde. Wir Menschen haben kein Recht, andere Organismen auszurotten. Das Ausrotten von Tierarten zeugt nicht nur von Rücksichtslosigkeit, sondern auch von großer Dummheit: Wir berauben uns so einer wichtigen Quelle der Freude, die uns die Entdeckung und Beobachtung der Schönheit der Natur schenkt. Alle technischen Errungenschaften und damit verbundenen Annehmlichkeiten des Lebens können diese Freude nicht ersetzen, die wir stets neu entdecken sollten. Wie andere Tierarten auch, können wir Fischadler nicht einfach durch andere Wesen ersetzen. Wir brauchen sie, denn sie spielen eine sehr wichtige Rolle im Naturhaushalt, von dem auch wir abhängig sind. Außerdem kommt dem Fischadler als Hilfsmittel für die Bewertung unserer Lebensräume und unserer Lebensgrundlagen, dem Wasser, dem Wald oder auch der Fischnahrung eine große Bedeutung zu.

Wenn wir ihm weiterhin soviel zumuten wie bisher, ist eigentlich nur noch zu fragen, wer eher verschwunden sein wird, der Mensch oder der Fischadler als sein Bioindikator.

Georg Rüppell

Erstmalig gefilmt – Die Hubschrauber-Riesenlibelle

Es schüttet wie aus Eimern, trotzdem schwitze ich und ringe nach Luft. Gestern noch im eiskalten Deutschland, heute im feuchtheißen Dschungel Panamas. Eine amerikanische Kollegin hatte mich eingeladen, die tropische Riesenlibelle *Megaloprepus coerulatus* zum erstenmal zu filmen. Ich sollte bald merken, warum dieses hauchdünne, zerbrechliche, aber doch riesengroß erscheinende Wesen noch nie mit der Zeitlupenkamera gefilmt worden ist.

Zunächst sehe ich überhaupt noch keine Libelle. Alles ist so neu, so verwirrend, so übervoll mit Reizen, daß ich von Zeit zu Zeit die Augen schließe. Kaum ein Baumriese gleicht dem anderen, dazwischen ein verwirrendes Gewirr von Lianen, Unterholz, blühenden Bäumen ohne Blätter, überall Epiphyten hoch oben in den Ästen und immer neue Tiere. Ich sehe mehr neue Arten an diesem einen Tag als bei uns in Deutschland in Monaten. Von hoch oben aus der Kronenregion rufen Vögel, schreien Affen und übertönen das auf- und abschwellende Dauerkonzert der Zikaden. Oben blühen und fruchten die Bäume – oben ist am meisten zu holen. Es ist so, als ob sich alles Leben aufwärts verlagert hätte, dem Licht und dem Regen, der auch Nährsalze bringt, entgegen. Wer den Wettlauf um diese Ressourcen gewinnt, kann sich ausbreiten und wird dominant. Sämlinge müssen lange auf eine Chance warten, Licht zum Wachsen zu erhalten, und verharren jahrelang in Lauerstellung. Andere schießen förmlich empor. Die Stämme der Bäume brauchen im windstillen Dom des Waldes nicht sehr dick zu sein. So sind viele im Verhältnis zu ihrer Höhe unglaublich dünn. Erhebt sich ein Baum jedoch über das Kronendach und wird zum Urwaldriesen, der auch den oft heftigen Passatwinden ausgesetzt ist oder tropischen Wirbelstürmen, dann muß er sich gewaltig verstärken, einmal in der Dicke, aber auch durch die Verankerung am Boden. Gewaltige, bis zehn Meter hohe Brettwurzeln, Stelzwurzeln oder bis zu 30 Meter auf dem Boden laufende Oberflächenwurzeln halten den Riesen gerade und saugen aus dem mageren Boden die letzten Nährsalze und Wasser auf.

Während im Kronenbereich die „oberen Zehntausend" leben, finden wir uns am Boden im „Armenhaus" wieder. Während im Licht schillernde Farben, Nahrung im Überfluß und ein lautes Konzert vorherrscht, leben die unscheinbaren und stillen Bodentiere vom Abfall. Selbst die Schmetterlinge und Vögel haben hier eine bräunlich-graue Färbung. Nur die großen Morpho-Falter, die wie blaue Blitzlichter das Unterholz beleben, machen eine Ausnahme. Sie suchen nach verrottenden Früchten und signalisieren Artgenossen ihren Territorialanspruch. Überall dort, wo das Licht in den Wald eindringen kann, blüht das Leben auf.

Hier auf der Barro Colorado Insel, die im Gatunsee liegt, durch den der Panamakanal verläuft, fallen oft Baumriesen um und reißen gewaltige Löcher in das gigantische Pflanzengeflecht. In wenigen Monaten schießen auf diesen Lichtungen Büsche und Bäume nach oben. Es sind die Kinderstuben des Waldes, ohne die sich der Regenwald nicht regenerieren könnte. Für uns sind solche Baumfälle besonders interessant, denn in den Vertiefungen des Baumstamms sammelt sich Regenwasser – Lebensraum für die Fortpflanzung der Riesenlibellen.

Schon am vierten Tag haben wir Glück und finden ein Riesenlibellenrevier. Als wir uns den Abhang durch dichtes Unterholz hinunterkämpfen, bleiben wir wie gebannt stehen. Wie ein Wesen aus einer anderen Welt gleitet das große Insekt schnurgerade aus dem Schatten der Stämme auf die Lichtung. Dort leuchten seine weiß und blau geränderten Riesenflügel wie Signalflaggen. Und das sind sie auch. Dieses Männchen verteidigt das große Wasserloch im Baumstamm, wo es ein Weibchen erwartet.

In den folgenden drei Wochen sitze ich nur hier und beobachte das Fortpflanzungssystem von *Megaloprepus coerulatus*. Auffällig, wie die meisten Lichttiere des Urwaldes, demonstriert das Männchen auf häufigen Rundflügen. Erscheinen Rivalen, werden sie durch besonders heftige Drohflüge oder sogar Flügelschläge vertrieben. Erscheint ein Weibchen, ändert sich das Bild. Das Männchen versucht sofort, es zu fangen und sich mit seinen Hinterleibzangen an seinem Kopf anzukoppeln. Auch jetzt noch, im Tandem, werden Eindringlinge – andere Männchen – vehement vertrieben.

Das Männchen besitzt am vorderen Hinterleib ein sekundäres Geschlechtsorgan mit Samentasche und penisähnlichem Gebilde. Dorthin

Porträt der Hubschrauber-Riesenlibelle. Foto: Gunnar Rehfeldt

muß nun die weibliche Geschlechtsöffnung, die am Hinterende liegt, gelangen. Das ist bei diesen Libellen mit den langen Hinterleibern ein schwieriges Unterfangen. Über eine halbe Stunde dauert das ruckweise Heben des Weibchens, bis endlich die Vereinigung in der sogenannten „Radstellung" gelingt. Selbst in dieser Radstellung fliegen die Riesenlibellen hervorragend: auf der Stelle, rückwärts, nach oben und vertreiben dabei Rivalen.

Die Kopulation dauert mehr als eine halbe Stunde. Heftige Pumpbewegungen des Männchens deuten darauf hin, daß auch Riesenlibellenmännchen bei der Vereinigung mit dem Weibchen zunächst den Samen herausschaufeln, den der Vorgänger in das weibliche Geschlechtsorgan gefüllt hat, bevor sie ihren eigenen hineingeben.

Dieses merkwürdige Verhalten, das inzwischen mehrfach von englischen und amerikanischen Forschern nachgewiesen wurde, beweist, daß die Tiere sich äußerst egoistisch verhalten. Ihr Ziel ist es, ihr eigenes Erbgut erfolgreich weiterzugeben. Auf ein kurzes Flügelrucken hin löst sich das Rad zum Tandem, und das Paar fliegt zum Baumstamm zurück, wo das Weibchen sofort mit der Eiablage im Wasserloch beginnt. Aber was ist das? Ganz unauffällig im Laubwerk verborgen, hat sich ein anderes Männchen angeschlichen. Es ist jedoch nur halb so groß wie das Reviermännchen. Es versucht, in einem günstigen Moment das eierablegende Weibchen zu packen, wird aber im letzten Augenblick noch vom Reviermännchen entdeckt und in wilder Jagd davongescheucht.

Wir haben gerade ein sogenanntes Satellitenmännchen entdeckt. All die Männchen, die in kleinen Wasserlöchern aufwachsen und klein bleiben, verhalten sich völlig anders als die territorialen, großen Männchen. Sie haben keine Chance, ein Revier zu erkämpfen, und wählen als Alternative eine andere Strategie. In der Nähe von großen Männchen (deshalb „Satellit“) warten sie versteckt auf ihre Chance. Sie bietet sich auch. Hat sich das Reviermännchen bei Drohflügen entfernt, können sie ein Weibchen übernehmen, den fremden Samen entfernen und es begatten.

Im Februar trocknet in Panama der Regenwald kurzfristig aus, so daß unser Wasserloch zur begehrten Tränke wurde. Mehrmals täglich kam ein Nasenbär gemächlich über den Stamm getrottet und trank in vollen Zügen, aufgeregt vom Riesenlibellenmännchen beobachtet. Aber aufgeregt waren auch wir, denn von einem wasserlosen Loch würde sich unser Reviermännchen zurückziehen. Und so machte sich meine amerikanische Kollegin Ola Fincke unentwegt auf den mühsamen Weg zur Forschungsstation, um Wasser zu holen. Ich blieb unterdessen, um weiter zu filmen. Auch wenn kein Rivale oder Weibchen erschien, gab es Interessantes zu beobachten, zum Beispiel die Nahrungssuche des Riesenlibellenmännchens.

Es klingt unglaublich, aber im tropischen Regenwald herrscht Nahrungsmangel, da es immer nur wenige Individuen einer Art gibt, die als Beute für andere dienen könnten. Die Riesenlibellen sind auf einen außergewöhnlichen Trick verfallen, um ausreichend Nahrung zu finden. Sie suchen systematisch die unzähligen Spinnennetze ab und rauben daraus die Spinnen, aber auch deren Beutetiere. Haben sie etwas Eßbares entdeckt, fliegen sie ein kurzes Stück rückwärts, nehmen Anlauf und stoßen dann mit voller Geschwindigkeit ins Netz und ergreifen die Beute mit den kurzen und kräftigen Beinen. Ihr völlig ruhiger Flug mit niedriger Flügelschlagfrequenz erzeugt kaum Vibrationen im Netz, von denen die Spinne vorher gewarnt werden könnte.

Die nur etwa ein Gramm schweren Riesenlibellen haben kaum Feinde.

Ihre große Flügelfläche von etwa 40 Quadratzentimetern trägt sie so rasch in die Höhe, daß höchstens die kleinen Kolibris ihnen folgen könnten. Für die aber sind sie viel zu groß. Ein Kolibri kann nur winzige Insekten verschlingen, denn er hat keine Möglichkeit, ein Rieseninsekt zu zerkleinern. So leben die Vögel und die Riesenlibellen einträchtig nebeneinander.

Daß es überhaupt möglich war, das Fortpflanzungsverhalten dieser faszinierenden Rieseninsekten zu erforschen und filmisch zu dokumentieren, liegt daran, daß hier auf der Urwaldinsel Barro Colorado Island sehr viele Urwaldbäume umfallen und daß hier ein gastfreundliches, amerikanisches Forscherteam alle nur erdenkliche Unterstützung gewährt hat.

Heinz Schmidbauer

Tausendundeine Nacht für den Tele-Zoo

„Gefährliche Hochzeitsreise" – der Titel meines ersten Tele-Zoo-Auftrags. Die ganze Problematik der Erdkrötenwanderung und die dazugehörende Fortpflanzungschronologie sollten in einem 12minütigen Beitrag festgehalten werden.

Mit großer Erwartung sah ich der Abnahme meines Erstlingswerks durch Alfred Schmitt vom ZDF entgegen. Und ebenso, wie die langsam aussterbenden Amphibien am Ende ihrer gefährlichen Hochzeitsreise ins Wasser plumpsen, wäre auch fast meine erste TV-Produktion ins Wasser gefallen. Alfred Schmitt war sichtlich enttäuscht und ich entsprechend am Boden zerstört. Vor allem am Schnitt gab es viele Anfängerfehler. Das Werk konnte zwar noch gerettet werden, aber an eine Karriere als Tierfilmer beim ZDF war vorerst nicht mehr zu denken.

Was nun – die Flinte ins Korn werfen? Nein – auf keinen Fall! Ein neues ausgefallenes Thema mußte gefunden und auf eigenes Risiko gefilmt werden.

Bei einer Fotoexkursion ins Burgenland begeisterten mich die für mitteleuropäische Verhältnisse riesigen Taranteln. Recherchen in einschlägiger Literatur gaben Anlaß zur Hoffnung auf eine ausgezeichnete Story.

Tarantel – Tarantella – Tarent im süditalienischen Apulien. Drei Begriffe, die zusammengehören und somit den Ort für die Außenaufnahmen vorbestimmten. Von Apulien aus traten dann auch zehn wunderbare paarungsbereite Tarantel-Exemplare die Reise ins heimische Bayern an. War der Transport der künftigen Filmstars noch ohne Probleme, so sollten sich diese aber dann bei den folgenden Filmarbeiten gleich bündelweise einstellen.

Taranteln sonnen sich zwar gerne, ihre Aktivitäten erfolgen aber meist in den dunklen Nachtstunden. Wie also beleuchten, ohne zu stören? Wie die Spinne in ihrer aufgeschnittenen und mit einer Glasscheibe abgedeckten Wohnröhre filmen? Taranteln kleiden die Wände ihrer 10 bis 15 cm tiefen Röhren vollkommen mit Seide aus und somit natürlich auch die Glasscheibe. Die wichtigsten Sequenzen – Paarung und Eiablage – spielen sich aber „unter Tage“ ab! All diese Probleme konnten mit technischen Tricks gelöst werden. Doch wann die nachtaktiven Tierchen filmen – wenn man tagsüber noch genügend andere Arbeit zu erledigen hat?

Die geniale Lösung dieses Problems mag nicht jedermanns bzw. „jederfrau“ Geschmack sein: Die zehn Taranteln wurden kurzerhand in biotopgerechten Terrarien rund um das Ehebett plaziert. Bei meinen minimalen Schlafbedürfnissen konnte ich das Treiben der Spinnen relativ gut beobachten und gegebenenfalls sofort filmisch interessante Aktionen auf Zelluloid festhalten.

Für viele ein schrecklicher Gedanke – das Ehebett umgeben von zehn „gefährlichen“ Giftspinnen, das plötzliche Aufflammen von mehreren 1000-W-Scheinwerfern und dazu noch das Surren der Kamera. Eine Ehefrau muß da schon sehr viel Verständnis oder einen ausgezeichneten Schlaf haben. Glücklicherweise besitzt meine Frau beides.

Nach drei Monaten war es geschafft – mehrere Paarungen, dreimal Kokonbau und Eiablage und schließlich der Transport des gesamten Kindersegens auf dem Rücken der Tarantelmutter. Das müßte für einen Zehn-Minuten-Beitrag reichen. Der Film wurde ein voller Erfolg, so daß ich, dadurch ermutigt, auch weiterhin für den Tele-Zoo filmen und forschen wollte.

Dabei kam mir der Gedanke, aus meiner Not – der Schlaflosigkeit – eine Tugend zu machen und mich auf nachtaktive Tiere zu spezialisieren. Recherchen in einschlägiger Literatur führten mich zu den „Raubrittern der Nacht“ – zu den Skorpionen. Das äußerst interessante Liebesleben dieser zum Teil so gefürchteten Wüstentiere ist bisher kaum gefilmt worden. Der Tanz der Skorpione in Walt Disneys Meisterwerk „Die Wüste lebt“ war sehr kurz und wurde nur durch mehrmaliges Kopieren der gleichen Szenen auf eine erfaßbare Szenenlänge gezaubert. Ich hatte die Absicht, das meiste in Terrarien zu filmen, in bewährter Art, natürlich wieder im Schlafzimmer.

Im Gegensatz zu den relativ harmlosen Taranteln waren die von mir als künftige Filmstars auserkorenen Breitschwanzskorpione diesmal wirklich gefährlich. Dennoch gelang es mir auch diesmal, die vorgebrachten Bedenken meiner Frau zu zerstreuen, und wir verwandelten unser

Tarantelpaarung.

Schlafzimmer erneut in ein Filmstudio. Doch diesmal gestalteten sich die Dreharbeiten weit problematischer. Die Tiere sollten sich als äußerst heikle Pfleglinge entpuppen. Die Literatur gab über die Haltung der Skorpione nicht viel her. Von einem Wiener Tierhändler erfuhr ich, daß es weltweit noch nie gelungen sei, die Breitschwanzskorpione in Gefangenschaft zur Fortpflanzung zu bringen.

Ich setzte die Tiere in ungewöhnlich große Terrarien und versuchte sämtliche natürlichen Einflüsse, wie zum Beispiel Tag- und Nachtrhythmus, Kälte und Sonnenhitze, Feuchte und Trockenheit. Die Monate verstrichen. Bewegungsstudien, Nahrungserwerb, Höhlenbau – alles war bereits gefilmt, aber nicht der so wichtige „Tanz der Skorpione". Meine Aufmerksamkeit während der langen Nächte ließ verständlicherweise mehr und mehr nach. Die Motivation, wegen der Skorpione die Nachtruhe zu vernachlässigen, schwand sichtlich. Das schon ziemlich unwohnliche Schlafzimmer wurde zusehends zum Spiegelsaal umgebaut. Raffiniert aufgestellte Spiegel ermöglichten mir, die nächtlichen Aktivitäten der Skorpione nun auch im Liegen, gewissermaßen mit einem Auge, zu beobachten. Eines der von mir erworbenen Weibchen war von Anfang an trächtig. Die im Körper befindlichen Eier waren durch die zwischen den Panzerplatten gespannte Haut deutlich erkennbar. Doch werdende Skorpionmütter können die Geburt ihres Nachwuchses viele Jahre hinausziehen. Meine werdende Skorpionmutter trug sich scheinbar mit diesen Absichten.

Es war klar, daß dieses Exemplar unter keinen Umständen gestört oder beunruhigt werden durfte. Ein inzwischen nötiger Wohnungswechsel zwang uns zu äußerster Vorsicht. So wurde das 1,5 Meter lange und mit Sand und Steinen eingerichtete Terrarium von vier Mann in die zweite Etage getragen. Trotzdem war die Gefahr groß, daß das vom Skorpion selbst gegrabene Höhlensystem zusammenstürzen würde.

Die Skorpione waren schließlich ein volles Jahr unsere Hausgenossen, ohne daß filmisch Entscheidendes passiert war. Es sollte noch ein weiteres Jahr verstreichen, bis ich schließlich an einem Sonntagnachmittag so etwas ähnliches wie einen Flirt zwischen zwei Skorpionen feststellen konnte. Meine Freude war natürlich riesig. Sollte es nach zwei Jahren endlich klappen? Ich beschloß, dieses Pärchen nicht mehr aus den Augen zu lassen. Vor dem betreffenden Terrarium baute ich mir eine Liege auf – seit dem Umzug befanden sich die Skorpione nicht mehr direkt im Schlafzimmer, sondern im daneben liegenden Studio. Um nicht einzuschlafen, summte jeweils im Abstand von 15 Minuten ein Wecker. Es kam in den darauffolgenden Tagen und Nächten mehrfach zu Annäherungsversuchen von seiten des Männchens, aber mehr tat sich nicht. Sieben Wochen lag ich nun schon vor den Skorpionen auf der Matte. Ausdauernd schlug der Wecker jedes Viertelstündchen.

Als ich wieder einmal so dahindöste, fielen plötzlich zwei der gefährlichen Skorpione unter meine Decke! Von großer Angst getrieben, sprang ich hoch – und sah mein Skorpionpärchen friedlich im verschlossenen Terrarium spazierengehen. Ich bekam bereits Alpträume.

Doch eine Woche darauf traf das bereits für unmöglich gehaltene Ereignis ein. Es war an einem Spätnachmittag,wie selbstverständlich packte der Freier seine Braut, mit seinen Zangen die ihrigen und begann sie hin- und herzuschieben. Endlich war es soweit, der Tanz der Skorpione war in vollem Gang. Sie tanzten, mit kurzen Verschnaufpausen, die ganze Nacht. Und auch noch die nächste und übernächste.

Filmrolle um Filmrolle füllte sich mit aktionsgeladenen Szenen. Der

Der Skorpion. Er hat vier Beinpaare und ist mit großen, scherentragenden Kiefertastern ausgestattet. Foto: Reto Hug

wichtigste Abschnitt des Skorpionfilms war geschafft – nach gut zwei Jahren geduldigen Beobachtens. Jetzt benötigte ich nur noch etwas Glück, um auch die Geburt des Nachwuchses filmisch festhalten zu können.

Irgendwann, es muß zwischen drei und vier Uhr morgens gewesen sein, hat mich der Schlaf übermannt, und ausgerechnet zu diesem Zeitpunkt brachte das Weibchen, das sich bei mir verpaart hatte, seinen Nachwuchs zur Welt. Skorpione gehören zu den Lebendgebärenden, sie legen keine Eier, sondern gebären lebende Junge. Aber ich hatte dieses große Ereignis schlichtweg verschlafen. Der Rücken der Skorpionmutter war vollbepackt mit ihren noch ganz weiß gefärbten Kindern. Und weil sie diese allzugern hatte, verspeiste sie gleich einige davon. Ob dieser Kannibalismus dem eigenen Nachwuchs gegenüber in freier Natur ebenfalls vorkommt oder nicht, ist eine der vielen noch ungeklärten Fragen im Leben der Skorpione.

Als Ausgleich für die mir entgangene Skorpiongeburt gelangen mir noch „sensationelle Aufnahmen" (ZDF-Text) bei einer Wiederholung des

Tanzes der Skorpione. Das erfolgreiche Skorpionpaar vermählte sich bald nach der Geburt der Jungen noch einmal. Das Außergewöhnliche aber war, daß die Mutter noch einen Teil ihrer Nachkommenschaft auf dem Rücken spazierentrug. Als der Reigen schließlich immer temperamentvoller wurde, suchte der Rest der Kinderschar allerdings schleunigst den Weg in die Selbständigkeit.

Für mich waren damit die Dreharbeiten mit den Skorpionen abgeschlossen, und die fast liebgewonnenen Tierchen wechselten somit samt Nachwuchs den Besitzer. Eine weitere Züchtung gelang dort trotz aller Mühe nicht mehr. Die Zeit danach – ohne Skorpione – war dann äußerst ungewohnt, so ungewohnt, daß ich beschloß, mir wieder irgendwelche, natürlich kaum gefilmte Nachtgeister ins Haus zu holen. Ich wurde langsam zum Spezialisten für nachtaktive Kleintiere.

Nach den „Raubrittern der Nacht" zogen die „Kaltblütigen Juwelen des Tropenwaldes" in die Terrarien ein. Meine kaltblütigen Juwelen waren die äußerst farbenprächtigen Pfeilgiftfrösche aus den Regenwäldern Lateinamerikas sowie weitere Froschlurche mit außergewöhnlichen Brutgewohnheiten. Ich hatte vor, in einem 30minütigen Beitrag einige der interessantesten Arten zu zeigen. Es sollte ein Werk werden, das mich schließlich volle sechs Jahre in Anspruch nahm.

Den Auftakt bildeten die herrlich buntgefärbten Baum- und Blattsteiger, wegen ihrer Verwendung als Pfeilgift bei einigen Indianerstämmen auch Pfeilgiftfrösche genannt. Tatsächlich gibt es Arten wie zum Beispiel *Phyllobates terribilis* (Der Schreckliche), deren Hautgift auch beim Männchen eine tödliche Wirkung hat. Pfeilgiftfrösche paaren sich in der Regel in Blattachseln von Bromelien. Das Weibchen legt dort die Eier ab, das Männchen bewacht diese und sorgt außerdem für ausreichende Befeuchtung. Wenn dann die Larven schlüpfen, hält das Froschmännchen den Kaulquappen seinen Rücken hin, so daß diese sich daran hochschlängeln und festsaugen können. Mit der ganzen Kinderschar hüpft das Fröschchen noch ca. drei Tage durchs Dickicht, bis es dann schließlich den Nachwuchs an einer geeigneten Wasserstelle absetzt.

Die geisterhaft durch den nächtlichen Dschungel schleichenden Makifrösche waren die nächsten in der Reihe der kaltblütigen Juwelen. Sie kleben ihr Gelege in zusammengefaltete Blätter, die sich direkt über der Oberfläche des Laichgewässers befinden.

Besondere Geduld verlangten die nächsten, ebenfalls nachtaktiven Akteure, die zwar nicht so schön gefärbten, aber dafür um so interessanteren Beutelfrösche aus den Hochlagen Perus. Über mehrere Monate hinweg sorgten die Männchen Nacht für Nacht mit ihren nicht gerade leisen Balzrufen für eine exotische Atmosphäre. Hier galt es, das Absetzen der fertigen Kaulquappen ins Wasser nicht zu verpassen. Bei der Paarung werden die abgelegten und vom Männchen befruchteten Eier in einer Rückentasche des Weibchens verstaut. Wie der Laich dort untergebracht wird, konnte ich nicht filmen. Dies ist bis jetzt auch kaum beobachtet worden. Die Entwicklung des Geleges konnte man an der immer mehr anschwellenden Rückenpartie des Weibchens beobachten.

Als die Zeit zum Absetzen reif war, herrschte natürlich Hochspannung im Haus. Da ich diesmal keine Lust hatte, wieder endlose Nachtstunden zu wachen, griff ich zu elektronischer Hilfe. Es ist dabei wichtig zu wissen, daß Beutelfrösche reine Baumbewohner sind und nur zum Absetzen ihres Nachwuchses herabsteigen und einen Tümpelrand aufsuchen. Das Beutelfroschweibchen setzt sich mit dem Hinterteil ins Wasser und holt abwechselnd mit dem Zeh des linken oder des rechten Hinterfußes die kräftig entwickelten Kaulquappen aus der Rückentasche. (Es gibt auch Arten, bei denen schlüpfen fertig entwickelte Jungfrösche aus dem Beutel.)

Dieses Verhalten machte ich mir zunutze, indem ich den Weg zur angebotenen Wasserstelle durch eine Passage einengte. An der engsten Stelle wurde eine Lichtschranke installiert. Durchquerte der Frosch den Lichtstrahl, meldete mir eine angekoppelte Alarmanlage diesen mit Spannung erwarteten Augenblick. Es gab reichlich blinden Alarm. Das Beutelfroschweibchen erkundete scheinbar erst einige Male den Weg zum Wasser. Meist war ich gerade beim Essen, im Bad oder sonst irgendwie beschäftigt. Das Tierchen hielt uns mächtig auf Trab, bis endlich der große Augenblick gekommen war – die ersten Quappen schwammen im Wasserbasin. Die Froschmutter setzte immer nur wenige ihrer Kinder ab, das zum Filmen nötige Licht von 1000 Watt gefiel ihr ganz und gar nicht. Doch schließlich gelangen einmalige Aufnahmen, und am Ende der Aktion zappelten 92, schon bereits sehr stark entwickelte Quappen im Wasser, die sich binnen weniger Tage zu reizenden Minibeutelfröschen entwickelten.

Den Abschluß in der Reihe der kaltblütigen Juwelen bildeten die aus Surinam stammenden Zwergwabenkröten *(Pipa carvolhoi).* Diese nicht gerade bezaubernd aussehenden Kröten drehen bei der Paarung einen Unterwasserlooping nach dem anderen. Bei jeder Drehung stößt das

Weibchen einen Schub Eier aus, die vom Körper des Männchens abgefangen und im Rückengewebe des Weibchens plaziert werden. Mit seinen riesigen Schaufelfüßen werden die wie winzige Minipingpongbälle aussehenden Eier vom Krötenmann noch zusätzlich eingedrückt. Die schwammig wirkende Gewebeschicht verschließt langsam das Gelege, bis es letztlich ganz darin verschwunden ist. Im Rücken der Krötenmutter entwickelt sich der Nachwuchs zu kleinen Kaulquappen, die dann unter einem plötzlichen Ruck ausgestoßen werden. Die Paarungstänze und das Ausstoßen der Jungen geschah natürlich nur während der Nachtstunden.

Relativ einfach stellte ich mir die Dreharbeiten beim Schlupf eines ganz normalen Nachtfalters vor. Ich wollte das Schlüpfen eines Schwärmers aus seiner unterirdischen Puppenwiege filmen. Da der genaue Zeitpunkt des Schlüpfens aber nicht zu bestimmen war, blieb mir nichts anderes übrig, als mich vor das speziell eingerichtete Terrarium zu setzen und auf den großen Augenblick zu warten.

Schmetterlinge sprengen ohne jegliche Ankündigung plötzlich ihre Puppenhülle auf und krabbeln heraus. Mit äußerster Konzentration pausenlos die Puppenhülle anstarrend, wartete ich, in der linken Hand den Schalter für die Beleuchtung, in der rechten den Auslöser der Filmkamera. Es vergingen Stunden um Stunden. Die Mahlzeiten wurden einhändig eingenommen; Gäste wurden „abgefertigt". Doch mein Oleanderschwärmer hatte es nicht eilig, obwohl die Anzeichen des baldigen Schlupfes – die durchscheinenden Farben des Falters – gut zu erkennen waren. Es wurden schließlich volle 125 Stunden ohne Pause, bis mich der Falter von meinen Qualen befreite. Ich war fast eingeschlafen, als ich plötzlich hochfuhr. Die Vorderbeine und der Kopf des Schwärmers ragten bereits aus der aufgesprungenen Puppenhülle. Ich war gerade rechtzeitig zur Stelle. Fast drehbuchgemäß durchdrang der Schwärmer dann auch noch das Erdreich und entwickelte sich zu einem der schönsten Nachtfalter Europas. Diese 125 Stunden waren die absolut längsten während tausendundeiner Nacht für den Tele-Zoo.

Thomas Schultze-Westrum

Odyssee für eine Robbe

Mein erster Film im Zusammenwirken mit Alfred Schmitt vom ZDF hieß „Naturparadies Griechenland", ein ökologisches Porträt hauptsächlich des Festlandes, der Gebirge im Schnee, dem Golf von Arta mit Hunderttausenden überwinternder Wasservögel. Das war im Jahr 1976. Wir drehten aber auch Inseleidechsen auf kleinen Felsklippen im Archipel der Nördlichen Sporaden, nahe der großen Insel Skiros und Alonnisos.

Ich kannte diese Inseln sehr gut, denn bereits 1957 und 1958 hatte ich als Student im ersten Semester Zoologie zusammen mit meinem Freund Wilfried Weigand (der zwei Jahre später in einem Gewittersturm auf dem Gardasee verschollen ist) eine Forschungsreise zu allen großen und kleinen Eilanden der Nördlichen Sporaden unternommen. Wir hatten uns vorgenommen, die Reptilienfauna dieser damals größtenteils noch völlig unerforschten Inseln zu studieren.

Vor nunmehr 33 Jahren waren die Nördlichen Sporaden noch gänzlich unberührt, auf Skiros gab es noch keinen elektrischen Strom, und auf der heute so berühmten Ferieninsel Skiathos hatten wir Mühe, eine einfache Herberge zu finden. Wir erlebten viele Abenteuer und verbrachten unvergeßliche drei Monate mit den einheimischen Fischern.

Mit einem dieser Fischer, Janni Florous aus Wotsi auf Alonnisos, bin ich bis heute freundschaftlich verbunden. Einige Jahre verloren wir uns fast aus den Augen, und während er beständig seiner schweren Arbeit in den Fanggründen der äußeren Nördlichen Sporaden nachging, eine Familie gründete, ein Haus baute und später auch ein größeres Fangboot erwerben konnte, trieb es mich bis zu den unerforschten Gegenden Neuguineas, zu Volksstämmen ohne Kontakt mit der Außenwelt, später in die Wüstenberge des südöstlichen Arabiens. Doch unsere Freundschaft blieb bestehen, und so lag es nahe, auch während der Drehzeit 1976 auf den Sporaden-Inseln mit ihm zusammenzuarbeiten.

Da die Natur Griechenlands damals so wenig bekannt war, faßten wir den Plan, die Dokumentation durch einen zweiten Film über die Ägäis abzurunden: eine Odyssee von der Insel Gardos in der Lybischen See (südlich von Kreta – dem südlichsten Punkt Europas), wo nach Homer Kalypso lebte, bis zu der wilden Felseninsel Samothrake im Norden der Ägäis. Thematischer Schwerpunkt des Films sollte die Suche nach der seltensten Robbe der Welt sein, der fast verschollenen Mönchsrobbe.

Mönchsrobben sind im Gegensatz zu anderen Robben Bewohner warmer Meere: die karibische Mönchsrobbe ist wohl ausgestorben, unwiederbringlich aus der Liste des Lebens gestrichen, von der Hawaii-Mönchsrobbe gibt es noch etwa 1000 Exemplare, und die Mittelmeer-Mönchsrobbe ist auf weniger als 500 Exemplare zurückgegangen, die auf das weite Gebiet von Madeira und der Nordwestküste Afrikas bis zum Schwarzen Meer verteilt sind. Der Schwerpunkt der Verbreitung liegt in der Ägäis, doch selbst dort war es fast aussichtslos, eine Robbe zu finden oder gar zu filmen.

Niemand kümmerte sich in Griechenland ernsthaft um die Erhaltung der Art, ihre Existenz war selbst namhaften Zoologen unbekannt. Das war jedoch nicht immer so. Noch im vorigen Jahrhundert wurden Mönchsrobben aus der Adria in deutschen Zirkusdarbietungen gezeigt. Im klassischen Altertum war die Art noch wesentlich häufiger vertreten und deshalb bekannter als heute: Homer berichtet von größeren Ansammlungen an griechischen Inselküsten. Möglicherweise geht auch die Geschichte vom Gesang der Sirenen auf die Mönchsrobben zurück. Die Tiere machen nämlich ganz ungewöhnlich melodische, laute und vielseitige Lautäußerungen. Auch die klassischen Naturforscher Aristoteles und Plinius haben die Robben in ihren Schriften erwähnt.

Beiläufig hatte ich Janni während der Dreharbeiten auf den Eidechsen-Inseln von meinem Plan erzählt, die Robben im Archipel der Kykladen, an den Küsten und in Meereshöhlen entlegener, unbewohnter Inseln aufzuspüren und zu filmen. Wir hatten nie zuvor über Robben gesprochen, und ich hatte keinerlei Hinweis auf ihr Vorkommen im Bereich der Nördlichen Sporaden erhalten. Janni meinte, wenn ich die „phokies" filmen wollte, dann brauchte ich nicht so weit zu reisen, die gebe es auch hier, verhaßt von den Fischern, weil sie deren Netze zerstören. Der sicherste Ort, sie zu finden, sei die Insel Piperi, am äußersten Rand der Inselgruppe der Nördlichen Sporaden, von Alonnisos etwa vier Stunden Bootsfahrt entfernt.

Das war eine aufregende Nachricht, und wenige Tage später, an einem strahlend sonnigen Maitag im Jahr 1976, war ich mit Mizo, Jannis Bruder, und mit Kameramann Kurt Lorenz unterwegs (erst in späteren Jahren lernte ich, meine Filme größtenteils selber zu drehen) nach Piperi. Ich kannte die Insel von unseren Reisen 1957/1958, und die dort lebende Eidechsenform ist wissenschaftlich nach meinem verschollenen Freund Wilfried Weigand benannt. Die Insel ist heute unbewohnt und in Privatbesitz der Familie Lemonis von Skiopelos. Früher war Piperi, wie auch andere Inseln der Nördlichen Sporaden, Eigentum von Klöstern des Heiligen Berges Athos. Von der ehemaligen Klosteranlage steht nur noch die uralte Kirche, umgrenzt von einem Pinienwald. Die Mönche wurden von Piraten ermordet, nur einer überlebte.

Die versteckten Buchten der schroffen Steilküsten von Piperi waren bis in dieses Jahrhundert hinein stets Schlupfwinkel von Piraten. Heute bieten Strände und nur vom Meer her zugängliche Höhlen Zuflucht für die wohl am besten geschützte Kolonie von Mönchsrobben im europäischen Mittelmeer. Denn inzwischen ist Piperi Zentrum eines Meeresnationalparks geworden, der mit unserem ersten Film über die Robben von Piperi und den sich daran anschließenden Schutzvorschlägen und -initiativen seinen Anfang nahm.

Wir erreichten mit Mizos Boot Piperi am Mittag. Bei einer vorsichtigen Umfahrung der Insel entdeckten wir tatsächlich eine einzelne Robbe am sandigen Strand zwischen Felsen. Sie verschwand sofort im Meer, und wir kletterten auf eine Klippe vor der Küste, bauten die Kamera auf und warteten. Es dauerte vier Stunden, Mizo fischte inzwischen in Sichtweite vor der Küste und wartete auf das Signal, uns wieder abzuholen. Dann geschah plötzlich, was ich kaum zu hoffen gewagt hatte, und noch dazu am ersten Tag unserer Suche nach dem wohl seltensten Säugetier Europas: im türkis-kristallklaren Wasser der Bucht vor uns tauchte ein dunkler Schatten auf, und als die Robbe aus dem Wasser emporkam, um Luft zu holen, hatte Kurt Lorenz sie im Visier, und die Kamera lief.

Es war ein voll erwachsener Bulle, mehr als drei Meter lang. Als ob er sich präsentieren wollte, drehte er sich auf den Rücken, zeigte seinen typischen weißen Bauchflecken, aber auch eine tiefe Wunde an der Kehle, die wahrscheinlich von dem Strick eines Fischernetzes verursacht war, in das sich das Tier verstrickt hatte. Wir waren so aufgeregt, daß wir hinterher kaum realisieren konnten, was tatsächlich geschehen war!

„Robby", wie wir das Tier später tauften, gab sogar einige Sondervor-

Mittelmeer-Mönchsrobbe. Sie ist ebenfalls vom Aussterben bedroht und bereits auf 500 Exemplare zurückgegangen. Wir hatten Glück und konnten eine einzelne Robbe am Strand zwischen Felsen filmen. Foto links: Konrad Wothe
Foto rechts: Stiftung Europäisches Naturerbe

stellungen, klatschte mehrmals mit der rechten Vorderflosse auf die Wasseroberfläche, schwamm in eine besonders malerische Felshöhlung, drehte sich dort nochmals auf den Rücken und entfernte sich dann gemächlich ins tiefere Wasser. Wir hatten alles auf dem Film, und jeder Meter war technisch einwandfrei!

Die Setzzeit der Robben sollte im September sein (doch niemand außer den Fischern konnte uns Genaueres sagen). So kehrten wir nach den sommerlichen Etesien (trockene, relativ kühle, über dem Meer oft stürmische Winde) nach Piperi zurück. Diesmal hatten wir ein kleines Schlauchboot an Bord, Janni und sein Sohn Kostos führten das „kaiki“, das typische, aus Holz gezimmerte Boot der griechischen Fischer.

Als die Umrisse von Piperi aus dem Dunst über dem offenen Meer auftauchten, waren wir alle äußerst gespannt und voller Hoffnung. Doch diesmal kam es zu keinem Erfolg wie in den ersten Stunden.

Erst nach mehreren Tagen intensiver Suche, an der Ostseite von Piperi, kam die unerwartete Begegnung: Nachdem wir mit dem Schlauchboot zu einem schmalen Sandstrand gepaddelt waren, um Höhlungen beiderseits abzusuchen, fanden wir hinter einem Felsen direkt am Wasser, gebettet auf einer Lage angeschwemmten Seegrases, „Robby" wieder – in tiefem Schlaf.

Seine Halswunde war inzwischen gut verheilt, aber noch deutlich sichtbar. Er schlief so tief, daß es unmöglich war, Aufnahmen von einer „lebenden" Robbe zu machen, so regungslos lag das Tier. Was tun?

Ich zwickte „Robby" in die Hinterflosse, Kurt Lorenz hielt die Kamera auf das Vorderteil, „Robby" schlug die Augen auf, starrte uns eine Weile an, dann kam Bewegung in den Körper, und „Robby" warf sich mit wenigen Flossenschlägen ins Meer und war verschwunden.

Janni konnte seine Gefühle nicht verbergen, und ich hatte Verständnis für seine Enttäuschung, daß für ihn, den Fischer, die Robbe entkommen war. Doch wir machten uns rasch an neue Aufgaben: eine Wurfhöhle zu finden, eine Höhle mit jungen, gerade geborenen Mönchsrobben. Mir war klar, was in Janni vorging, denn tatsächlich richten die Robben nach Meinung der Fischer großen Schaden an, zumal die Fangerträge drastisch zurückgegangen waren und überdies technisch immer besser ausgestattete große Fischereiboote von außen in die traditionellen Fanggründe von Alonnisos eindrangen.

Den ganzen übrigen Tag und den nächsten Tag suchten wir die zahlreichen Meereshöhlen rund um Piperi ab. Ohne Erfolg. Dann wechselte das Wetter, es fing an zu regnen. Wind kam auf, und da es keine schützende tiefere Bucht entlang der Inselküste gibt, wurde Janni zunehmend besorgt. Die nächstgelegene Insel ist Gioura, in Sichtweite mit 800 Meter Höhe ein eindrucksvolles Felsmassiv im Meer. Der Regen nahm zu, die Sicht schwand, so daß wir schnellstens die Insel verlassen mußten. Die ersten hohen Wellen kamen über Bord. In einer solchen Situation zeigt sich einmal mehr, was gegenseitige Freundschaft und Vertrauen zueinander bedeuten. Ich bat Janni, unsere Suche abzuschließen, indem wir die letzten Höhlen, die wir noch nicht durchsucht hatten, wegen der Brandung jetzt mit größerer Entfernung von der Küste auskundschafteten. Plötzlich geschah das kaum noch Erwartete:

Als wir uns bei zunehmend rauher See einer der Höhlen näherten, warfen sich zwei Robben aus dem Wasser. Es war wohl eine Art Drohverhalten, und wir wußten so mit einiger Sicherheit, daß – wenn überhaupt – in dieser Höhle neugeborene Robben am Kiesstrand im Innern zu finden sein müßten. Doch wir mußten Schutz suchen; nach eineinhalb Stunden sehr ungemütlicher Überfahrt erreichten wir die schützende Bucht Planiti der Insel Kyra Pangia, westlich von Gioura, die selbst bei schweren Stürmen noch hinreichend Sicherheit bietet. Zwei Tage harrten wir dort aus, dann konnten wir nach Piperi zurückkehren.

Vorsichtig steuerte Janni das Boot zum Eingang der Höhle. Das Sonnenlicht des späten Nachmittags ließ das rötliche Gestein der Felswand darüber leuchten und drang tief ins Höhleninnere bis zu einem hellen Kiesstrand vor. Doch wir konnten keine Robbe erkennen. Aus der Felswand über uns drangen die markanten Schreie der Eleonorenfalken, die dort in mehreren Paaren jetzt im September brüteten. Und unvermittelt mischten sich quäkende und heulende Laute dazu, die aus der Höhle drangen. Das konnten nur junge Robben sein, die versteckt in einer seitlichen Ausbuchtung des Kiesstrandes im Innern ruhten.

Wir zogen uns sogleich zurück und bauten das Film- und Tongerät auf einem Felsvorsprung der Bucht gegenüber der Höhle auf. Janni entfernte sich mit dem Boot, und wir warteten. Bald tauchte eine graugefärbte Robbe vor der Wurfhöhle auf, dann eine zweite. Die Rufe aus dem Innern der Höhle wurden eindringlicher, dann erschien ein fast schwarzes Robbenjunges am Höhleneingang. Ganz dicht entlang der Felswand schwamm es der Mutter entgegen, und nun konnten wir ein Schauspiel filmen, von dem wir nicht einmal zu träumen gewagt hätten, da es nicht schöner und eindrucksvoller sein konnte:

Zärtlich spielte die Mutter mit ihrem Jungen, schmiegte ihren Kopf an das Baby, richtete sich mehrfach hoch auf und heulte mit weit geöffnetem Maul. In den folgenden Tagen konnten wir noch mehrere solch eindrucksvoller Szenen filmen und den Originalton dazu aufnehmen. Kurt Lorenz gelang es sogar, eines der insgesamt drei Robbenjungen unter Wasser aufzunehmen. Es waren aufregende, ergebnisreiche Tage!

Während dieser Zeit entschloß ich mich, der griechischen Regierung Piperi und den umliegenden Archipel mit insgesamt 20 größeren und kleineren Inseln als Meeresnationalpark vorzuschlagen. Nur vier Familien lebten auf diesen unberührten Eilanden; nirgends sonst im Mittelmeer lagen günstigere Bedingungen zur Schaffung eines maritimen Naturreservats vor. Auch auf den Inseln selbst kommen mehrere seltene Arten vor, zum Beispiel die Korallenmöwe und eine sehr alte verwilderte Form von Hausziegen auf der Insel Gioura sowie wild lebende Rinder auf Piperi.

Naturschutz in Griechenland war vor mehr als zehn Jahren gänzlich von der zentral in Athen sitzenden Regierungsbürokratie vernachlässigt worden. Es gab zwar einige Nationalparks auf dem Festland, jedoch nur auf dem Papier. Die äußeren Inseln der Nördlichen Sporaden waren in Athen so unbekannt, daß ich persönlich einen Hubschrauber chartern mußte, um einflußreiche Griechen aus Athen nach Piperi zu bringen. Sie waren begeistert, und langsam nahm das Projekt Gestalt an.

Wir änderten unser Filmkonzept entsprechend. Wir konzentrierten uns nun auf die Robben dieser Inseln, die sonstige Fauna, das traditionelle Leben der Hirten und Fischer und trafen die ersten Vorbereitungen zur Schaffung des Meeresnationalparks. Parallel dazu gingen meine eigenen Verhandlungen weiter: die Fischer als traditionelle Feinde der Robben in deren aktive Beschützer umzuwandeln, war das größte Problem. Durch die freundschaftlichen Kontakte zu Janni und zu den anderen Fischern von Alonnisos kannte ich die komplexe wirtschaftlich-soziale Problematik der als Kooperative zusammengeschlossenen Fischer von Alonnisos nur zu gut. Die Robben beeinträchtigten aufgrund ihrer Seltenheit die Fangerträge eigentlich nur unbedeutend. Viel schwerwiegender für die Fischer war das Eindringen großer Fangboote aus den Festlandhäfen in die traditionellen Fanggründe von Alonnisos. Insbesondere die sogenannten Gri-gritis, Imeras-Boote mit sehr langen, feinmaschigen Netzen richteten großen Schaden an, zumal diese Fischer illegal zu nahe an den Inselküsten fischten und so erbeutete Jungfische tonnenweise über Bord kippten. An manchen Tagen war der Strand von toten, wertlosen Fischen gesäumt. Zwei wirtschaftlich besonders wichtige Arten, wie zum Beispiel die sogenannten Goppa, waren aus diesen Gewässern fast vollständig verschwunden.

Würde es mir gelingen, die Regierung zu überzeugen, diese Fangboote aus den Heimatgewässern der Fischer von Alonnisos zu verbannen, dann wäre dies ein Privileg, das die Fischer nur dann erhielten, wenn sie fortan die Robben aktiv beschützten. Falls die Robben verschwänden, kämen die Gri-gritis zurück! Diese einfache Formel leuchtete zwar den Fischern ein, doch dauerte es Jahre, bis sich die Regierung an den Gedanken gewöhnte und endlich aktive Schritte einleitete. Der Nationalpark wurde schließlich 1986 offiziell gegründet.

Eine weitere ernsthafte Beeinträchtigung der Fangerträge um Alonnisos besteht bis heute. Jeden Sommer rückt eine Armee harpunenbewaffneter Touristen, vor allem aus Italien, an. Sogar Chemikalien werden verwendet, um große Fische aus ihren Verstecken aufzuschrecken, um sie dann zu harpunieren. Diese im großen Stil betriebene Jagd bringt nicht nur starke Beunruhigung ins Unterwasserreich, u. a. in die Fanggründe der Mönchsrobben, sondern stellt auch wirtschaftlich ein sehr großes Problem für die einheimischen Fischer dar. Viele Harpunenjäger verkaufen zu allem Überfluß ihre Fänge unter Preis an örtliche Restaurants, und nicht wenige machen damit während ihrer Ferien großen Profit.

Der Film „Die Küste der Mönchsrobbe“ konnte 1977 im ZDF erstmalig ausgestrahlt werden. Er wurde mit 34% Sehbeteiligung zu einem großen Erfolg und wurde seither mehrfach in der Wiederholung ausgestrahlt. In Griechenland wurde der Film zweimal gezeigt und hatte sehr großen Einfluß auf den verbesserten Schutz der Robben und die Schaffung des ersten Meeresnationalparks. 1978 tagte in Rhodos die erste Konferenz zum Schutz der Mönchsrobbe. Circa 80% der Teilnehmer hatten noch nie eine Mönchsrobbe selbst gesehen, und so wurde der Film auch hier zu einem wichtigen Instrument für die Schärfung des Problembewußtseins gegenüber den Robben und ihrer zunehmenden Bedrohung. Insgesamt wurde der Film bisher in elf verschiedenen Ländern gezeigt.

Doch die Mißstände im „Nationalpark" Nördliche Sporaden blieben weiterhin bestehen. Es fehlte an Wächtern und Kontrollen des ständig zunehmenden Tourismus. Die EG schaltete sich ein, stellte größere Geldbeträge zur Verfügung. Doch der Löwenanteil floß in den (bis heute noch nicht abgeschlossenen) Bau einer wissenschaftlichen Station auf Alonnisos, die eher einer Luxusherberge gleicht und keinen unmittelbaren Nutzen für die Robben und ihre Lebensumstände erbringen kann. Drei gänzlich unausgebildete Wächter mit dürftigen Schlauchbooten sollen die Kontrolle im weitläufigen Parkgebiet durchführen. Weder auf Alonnisos noch an anderer Stelle weist eine Schrifttafel oder Broschüre auf die Existenz des Meeresnationalparks hin.

Im Sommer 1989 kehrte ich nach Alonnisos zurück. Jürgen Resch von der deutschen „Stiftung Europäisches Naturerbe" konnte ebenfalls kommen. Zusammen mit Vertretern der Fischereigenossenschaft trafen wir den obersten Naturschützer von Griechenland, Athanasios Ekonomou sowie Aliki Panou und Ada Vlachoutsikou, die beide sehr engagiert den Schutz der wenigen verbliebenen Mönchsrobben im Bereich der Ionischen Inseln vorantreiben. Mit der „Stiftung Europäisches Naturerbe" arbeite ich seit mehreren Jahren sehr harmonisch und fruchtbar zusammen. Sichtbarer Ausdruck sind bisher drei ZDF-Filme über Projekte der Stiftung, die wir gemeinsam entwickelt haben.

Diese enge Zusammenarbeit wird nun im Bereich der Nördlichen Sporaden fortgesetzt. Erstes Arbeitsergebnis war ein 50seitiger Bericht an die EG über Mißstände und ihre Beseitigung sowie eine Reihe von Vorschlägen zur Verbesserung der Arbeit vor Ort. Die Stiftung möchte sich jedoch auch selbst langfristig engagieren und auf Alonnisos ein Informationsbüro und ein Arbeitszentrum für die Beziehungen zu anderen Fischereikooperationen in Griechenland einrichten. Allmählich soll das Modell Nördliche Sporaden für einen besseren Schutz der aussterbenden Robben über die gesamte Ägäis und Adria ausgeweitet werden.

Parallel dazu entsteht auch ein zweiter Robbenfilm. Konrad Wothe aus München gelangen im Herbst nach langem Warten unter schwierigen Wetterverhältnissen Aufnahmen von einer Robbe, die ein Netz mit Fischen plünderte. Das Bildmaterial soll auch zur Herstellung eines Videoprogramms für Fischer im Verbreitungsgebiet der Robben dienen. Wir hoffen, auch damit mehr Verständnis für die Schutzbedürftigkeit der

Robben zu wecken. In dem Film sollen auch so entlegene Inseln wie Gardos im Süden und Samothrake im Norden gezeigt werden – wie dies ursprünglich für den ersten Robbenfilm geplant war.

Es ist eine großartige und ständig von neuem reizvolle Aufgabe, mit der kreativen Filmarbeit die Durchsetzung effektiver Schutzmaßnahmen für Tierarten und Ökosysteme zu verbinden. Diese erfolgreiche Arbeit ist in der ZDF-Redaktion von Alfred Schmitt bereits zur Tradition geworden.

Herbert Steinert

Die Gottesanbeterin

In einer der letzten alten Kulturlandschaften Deutschlands, am Kaiserstuhl, lebt das wohl faszinierendste Insekt unserer einheimischen Tierwelt, die Gottesanbeterin. Sieben Zentimeter etwa erreichen diese Tiere an Körperlänge und zählen damit zu den größten Insekten Mitteleuropas.

Die Gottesanbeterin, *Mantis religiosa,* ist übrigens nicht mit den Heuschrecken verwandt, wie der Zweitname „Fangheuschrecke" vermuten läßt, vielmehr sehen die Biologen in ihr eine eigenständige Ordnung und stellen sie nächst den Schaben und Termiten in das zoologische System. Die eigentümliche Haltung mit den wie zum Gebet erhobenen Vorderbeinen gab dem Tier in den verschiedensten Kulturkreisen den gleichen Namen: Mante Prie Dieux – Praying Mantis – Gottesanbeterin. Tatsächlich aber dient ihr „Beten" einem ganz anderen Zweck. Die Mantis ist nämlich ein reiner Insektenjäger, und ihre „betenden" Vorderbeine erweisen sich als höchst raffinierte Fangkonstruktion.

Kommt ein Insekt in ihre Nähe, schlägt sie nach ihm, wobei die zusammengeklappten Fangbeine aus der typischen Lauerhaltung blitzschnell auseinanderklappen, um das Beute-Insekt in ihren Fangapparat einzuschließen. Der Fangschlag der Gottesanbeterin ist ein ausgeklügeltes System von Reflexen, die ihr ein erfolgreiches Zuschlagen garantieren. Ein Reflex soll näher beschrieben werden: Der Fangschlag spielt sich ja in der unglaublichen kurzen Zeit von fünfhundertstel Sekunden ab. Und so wird es für die Mantis zum Problem, genau im richtigen Zeitpunkt zuzupacken, eine Schwierigkeit, die jeder nachvollziehen kann, der schon einmal versucht hat, eine Stubenfliege mit der Hand zu fangen. Wie löst nun die Mantis dieses Problem?

Bei genauerer Betrachtung der Fangbeine erkennt man, daß diese reich bedornt sind. Die Dornen befinden sich aber nicht starr an den Fanggliedern, sondern sind frei beweglich, können schon bei leichter Berührung umgeklappt werden und damit einen Reflex zum Schließen der Fangbeine bewirken. Fängt das Insekt Beute, schnellen seine Fangarme vor und berühren bei richtig kalkulierter Entfernung das Opfer. Dabei werden aber zwangsläufig die frei beweglichen Dornen umgebogen, und reflexartig ziehen sich die Fangarme zusammen (Femur-Tibial-Reflex).

Da die Gottesanbeterin ihre Opfer rein optisch erkennt, besitzt sie große leistungsfähige Augen mit einem weiten Gesichtsfeld von 320 Grad. Wie bei allen anderen Insekten auch, setzen sich die großen Augen der Gottesanbeterin aus tausend kleinen Einzelaugen zusammen. Die Sehleistung eines solchen Facettenauges ist nicht in allen Bereichen gleich groß. Besonders in der Mitte der Vorderseite sind die Einzelaugen so dicht gepackt, daß die Gottesanbeterin zur besten „Seherin" im großen Reich der Insekten gehört. Das Auflösungsvermögen ist dort so hoch, daß diese Zone des Auges von Forschern mit dem Leistungsvermögen von Säugetieraugen verglichen wurde.

Nach einem erfolgreichen Beutefang beginnt das Insekt, mit kräftigen, scharfen Kauwerkzeugen sein Opfer zu zerkleinern und zu kauen. Selbst härteste Chitinpanzer sind schnell durchgebissen. Fangheuschrecken ernähren sich in erster Linie von Grillen, Fliegen, Heuschrecken und anderem Kleingetier, so daß wir sie vom menschlichen Standpunkt durchaus zu den Nützlingen zählen können.

Daß Insekten trotz ihrer Vielseitigkeit Wirbeltiere, wie etwa Vögel, Eidechsen oder Frösche erbeuten, ist ein äußerst seltenes Phänomen, da Wirbeltiere im allgemeinen größer und kräftiger sind als die sechsbeinigen Chitinträger. So wurden auch Berichte, denen zufolge Gottesanbeterinnen Vögel und Frösche geschlagen und verzehrt haben sollen, lange Zeit ins Reich der Fabel verwiesen. Daß das Schlagen von kleinen Wirbeltieren tatsächlich aber zum Verhaltensrepertoire der Gottesanbeterin gehört, konnte zum erstenmal einwandfrei bewiesen werden, als der ZDF-Film „Gottesanbeterinnen" solch einen außergewöhnlichen Raubzug filmisch dokumentierte. Dort konnte man sehen, wie sich eine Mantis an einen gleich großen Grasfrosch heranpirschte und ihn erbeutete.

Rösl von Rosenhof, ein deutscher Naturbeobachter und Miniaturmaler des 18. Jahrhunderts, hat sich als erster, frei vom Erbe mittelalterlicher Tiermystifizierungen, mit dem Leben und der Verhaltensweise unserer einheimischen Gottesanbeterin unvoreingenommen und sachlich befaßt. In seinem Werk „Insectenbelustigung" hat er in zahlreichen Abbildungen und Detaildarstellungen den gesamten Lebenszyklus der Gottesanbeterin festgehalten.

Von Rosenhof widerlegte in seinen exakten Beobachtungen den mittelalterlichen Irrglauben, daß die Gottesanbeterin in Gestalt eines Blattes auf Bäumen wachse, sich zu einem Tier wandle und später, mit den Füßen auf feuchtem Waldboden stehend, Wurzeln schlagen würde, um sich solcherart wieder in pflanzliches Leben zurückzubilden.

Tatsächlich aber zeigt sich die Fortpflanzung und Entwicklung der *Mantis religiosa* weitaus weniger märchenhaft. Leider ist wohl ein unausrottbarer Mythos entstanden, nämlich der Gattenmord der Gottesanbeterin während der Kopula. Selbst eine Zeitschrift für Sexualmedizin schreibt noch 1984: „... Die Gottesanbeterin kann nur befruchtet werden, wenn das Weibchen während der Begattung dem Männchen den Kopf abbeißt, da sich darin eine ererbte Ejakulationshemmung befindet. Das Sperma tritt erst aus, wenn der ‹Bremsende Kopf› ab ist ..." Dies geht auch vollkommen an der Biologie der Mantiden vorbei. Alle Berichte über Kannibalismus während der Kopula beziehen sich auf Beobachtungen während der Gefangenschaft, in der das überaus komplizierte innerartliche Signalverhalten der Gottesanbeterinnen nicht zum Tragen kommt und man dann unter Gefangenschaftsbedingungen tatsächlich diese grausige Szene beobachten kann.

Normalerweise spielt sich das Sexualverhalten der Gottesanbeterin in der Natur wie folgt ab: Im Hochsommer, wenn die Weibchen ausgewachsen und geschlechtsreif sind, nehmen die unbefruchteten Weibchen in der Nacht eine eigentümliche Haltung ein. Sie heben ein wenig ihre Flügel vom Körper und krümmen den Hinterleib stark. Dabei verströmen sie einen Sexuallockstoff. Bekommen die kleineren Männchen diesen Stoff in die „Fühler", werden sie in lauen Sommernächten flugaktiv und lassen sich in der Nähe der Weibchen nieder. Erst tagsüber beginnt dann der zweite Teil der Hochzeitszeremonie. Stundenlang beobachtet das Männchen das Weibchen aus einer Distanz von etwa einem halben Meter. Jede Bewegung des Weibchens wird wahrgenommen. Dann nähert es sich dem Weibchen. Diese „Annäherung" kann sich wieder über mehrere Stunden hinziehen. Ist das Männchen schließlich nah genug, springt es plötzlich auf das Weibchen und beruhigt es sogleich durch heftiges Fühlertrillern. Ein Ritual, mit dem es die Aggressionslust seiner Gattin beschwichtigt. Dann bleiben beide circa zwei Stunden verankert. Während dieser Zeit baut das Männchen einen Spermabehälter aus Kalk auf, den es in den

Die Gottesanbeterin. Sie hat ihren Namen wohl von der eigentümlichen Bethaltung, die sie in Fangstellung einnimmt und die es ihr möglich macht, blitzschnell zuzuschnappen, wenn sich etwas in der Nähe bewegt. Foto: Otto Hahn

weiblichen Geschlechtsorganen deponiert. Ist das geschehen, verläßt es das Weibchen, ohne daß ihm auch nur „ein Haar gekrümmt wurde". Auf diese Weise kann es im Durchschnitt sechs bis acht Weibchen befruchten, danach stirbt es an Altersschwäche. Die befruchteten Weibchen widmen sich zunächst nur noch der Nahrungsaufnahme, und ihr Hinterleib, der beachtlich an Umfang gewinnt, kündigt die baldige Eiablage an.

An einem geeigneten Platz beginnt das Tier, eine zunächst flüssige Masse aus seiner Geschlechtsöffnung zu pressen. Organe des Geschlechtsapparates sind es auch, die den Brei schaumig schlagen und bis zu 400 Eier sorgsam nacheinander darin einbetten.

Für jedes Ei legt die Fangheuschrecke eine eigene Kammer an, und jede Kammer enthält eine vorbereitete Öffnung, um später dem Nachwuchs das Schlüpfen zu ermöglichen.

Das Weibchen legt – bevor der erste Frost es tötet – durchschnittlich fünf Eigelege ab. Die papierartige Substanz schützt die Eier vor Austrocknung, Hitze und Kälte und nicht zuletzt auch vor dem Zugriff von Feinden. So überdauern die Eier den Winter. Erst im Frühjahr beginnen sich die Eier zu entwickeln, und Ende Mai schlüpfen dann zu Hunderten die kleinen Gottesanbeterinnen aus den Eigelegen.

Was da jedoch schlüpft, ein weißliches, madenartiges Gebilde, kaum einen halben Zentimeter groß, ähnelt zunächst einer Gottesanbeterin noch nicht im geringsten. Die Wissenschaftler haben dafür sogar eine eigene Bezeichnung: Sie nennen diese Phase das erste, unvollkommene Larvenstadium. Aber gerade geboren, verändert sich die kleine Made auffallend. Ihr Kopf schwillt mächtig an. Und plötzlich platzt die zarte Haut, und nach einigen Minuten haben wir eine Gottesanbeterin in Miniaturformat vor uns. Zu Hunderten bleiben sie noch für kurze Zeit ums Eigelege sitzen. Nach ein paar Stunden aber erkunden sie bereits ihre Umgebung und beginnen mit der Jagd auf kleinste Beutetiere, wie Mükken, Blattläuse oder Taufliegen, ganz in der Manier ihrer Eltern.

Gottesanbeterinnen wachsen nicht kontinuierlich wie wir, sondern wachsen schubweise. Etwa alle zwei Wochen findet plötzlich eine gesamte Zellverdoppelung statt. Dann ist die äußere Haut zu klein, sie platzt, und aus der alten Hülle windet sich eine Gottesanbeterin, die bedeutend größer ist. Sieben Häutungen macht die Gottesanbeterin, erst bei der letzten Häutung bekommt sie ihre stattlichen Flügel dazu, das einzige Unterscheidungsmerkmal neben der Größe zwischen Erwachsenen und Jungtieren.

Weltweit gibt es fast 2000 Arten von Gottesanbeterinnen, sehr stattliche Exemplare mit einer Körpergröße von 16 Zentimetern, doch existieren auch Winzlinge, die ausgewachsen gerade einen Zentimeter Länge erreichen. Gottesanbeterinnen muten uns an wie Lebewesen aus einer fernen, fremden Welt.

Ihre außergewöhnlichen Eigenschaften haben die Menschen schon seit altersher beschäftigt. So sprachen die Griechen der Antike der Gottesanbeterin hellseherische Kräfte zu. Das Wort „Mantis" im wissenschaftlichen Gebrauch stammt von ihnen und bedeutet nichts anderes als „die Seherin". Eindeutige Zeugnisse liefern auch Grabbeigaben aus dem antiken Ägypten, wo beim Mundöffnungsritual die Gottesanbeterin verwendet wurde.

Selbst in Europa hat sich lange folgender Brauch erhalten. Kroatische Mädchen befragten noch um 1900 die Mantis, wo sie heiraten werden. In der Richtung des Dorfes, in das die Fangheuschrecke schaute, wurde der zukünftige Bräutigam vermutet.

Ihre größte Prägung hinterließ die Gottesanbeterin bei den Buschmännern der Kalahari – ihnen galt sie als oberste Instanz allen religiösen Glaubens und Denkens. In den Gebieten dieser südafrikanischen Stämme lebt die Mantis noch heute in Felsmalereien, Mythen und Erzählungen als ranghöchste Gottheit, die Sonne und Mond erschaffen hat.

Sigurd Tesche

Haie – Herrliche Räuber der Meere

Jährlich erhalten die internationalen Haiforschungszentren 200 bis 400 Berichte über Haiangriffe auf Menschen, davon 30 bis 50 mit tödlichem Ausgang. Diese Zahlen sind aber keineswegs vollständig. Denn in Ländern, in denen der Tourismus Devisenquelle Nr. 1 ist, hüten sich die zuständigen Behörden, Nachrichten über tödliche Haiangriffe zu verbreiten, um die Badegäste nicht abzuschrecken. Peter Benchleys Buch „Der weiße Hai" und der danach gedrehte Film verbreiteten Angst und Entsetzen – Badestrände verödeten.

Film, Fernsehen und die einschlägigen sensationsheischenden Printmedien „bemühen" sich häufig genug, ihren Zuschauern und Lesern Haie als Killer darzustellen. Aber was wissen wir wirklich über Haie? Eigentlich herzlich wenig.

Seit mehr als 40 Jahren beschäftigen sich Wissenschaftler in der ganzen Welt intensiv mit diesem Thema. Was sie bis heute herausgefunden haben, ist im Grunde jedoch nicht viel. Natürlich ist man in der Lage, Haie zu untersuchen, z. B. ihre Sehfähigkeit zu testen, ihren Geschmackssinn oder überhaupt ihr generelles Wahrnehmungsvermögen anhand von Experimenten zu erforschen. Die Anatomie dieser Raubfische gibt der Wissenschaft zwar eine Vielzahl wertvoller Hinweise, doch läßt sich von diesen kaum auf das Sozialverhalten der Haie schließen: Wie reagieren sie auf welche Situation?

Lassen sie sich überhaupt in irgendwelche Reaktionsschemata einordnen? Man könnte beliebig fortfahren und einen endlosen Fragenkatalog aufstellen. Antworten, und ich meine damit nur solche, die wissenschaftlich auch wirklich haltbar sind, wird man nur ganz selten finden.

Nächste Doppelseite:
Makohai vor San Clemente, Kalifornische Küste.

Die bisherigen Forschungsergebnisse wurden fast ausschließlich beim Studium kleinerer, in Gefangenschaft lebender Tiere erzielt. Die Haltung ausgewachsener Haie ist viel zu problematisch und bisher nur ganz wenigen Forschern über längere Zeit hinweg geglückt. Hinzu kommt, daß gefangene Tiere sich ganz anders verhalten als die in Freiheit lebenden.

Einen weiteren Faktor stellen die hohen Kosten für die Haltung von Haien dar. Das erklärt auch, warum die Haiforschung nur von einigen wenigen Zentren betrieben wird. All diese Forscher stoßen sehr schnell an die ihnen durch die Natur gesetzten Grenzen. Solange es nicht möglich ist, den schnell schwimmenden Hochseehaien Tag und Nacht, über Wochen und Monate hinweg, auf ihrer unermüdlichen Reise durch die Unendlichkeit der Ozeane zu folgen, sie zu beobachten, ihre Reaktionen und Aktionen festzuhalten, solange wird niemand in der Lage sein, ein schlüssiges Bild über ihr Verhalten zu geben. Im folgenden will ich versuchen, den heutigen Stand der Haiforschung darzustellen.

Haie gibt es bereits seit 350 Millionen Jahren. Damals waren die heutigen Kontinente teilweise noch von flachen Meeren bedeckt, und Riesenfarne begannen sich auf den Landmassen auszubreiten. Im Meer entwikkelten sich die ersten wirklichen Knorpelfische, die Cladesolachier, die Vorfahren unserer heutigen Haie. Sie besaßen bereits ein Knorpelskelett, mehrspitzige Zähne und seitliche Kiemenspalten. Die heute lebenden „modernen" Haie schwimmen seit etwa 65 Millionen Jahren unverändert durch die Evolution. Im Vergleich dazu ist die Stammesgeschichte des Menschen knappe zwei Millionen Jahre alt.

Fast alle heute bekannten Hochseehaie haben die ideale Stromlinienform. Bekannte Haiforscher wie David Baldridge vergleichen sie daher mit Flugzeugen. Ihre Brustflossen sind „die Tragflächen" bzw. je nach Stellung „Höhen-, Tiefen- oder Bremsruder". Ihre steifen Rücken-, Bauch- und Afterflossen sind effektive „Stabilisatoren", und die Schwanzflossen entsprechen den „Antriebsaggregaten". Das erklärt auch ihre seit 65 Millionen Jahren fast unveränderte Körperform. Eine Veränderung war aufgrund der einmalig funktionellen Form nie notwendig. Jeder Sporttaucher, der zum erstenmal frei-schwimmende Haie beobachtet, ist begeistert von der Eleganz und der mühelosen Fortbewegung dieser Tiere. Schnell schwimmende Haie erreichen Geschwindigkeiten von 60 km/h.

Eine Besonderheit unter den mehr als 320 Haiarten ist der Hammerhai mit seinem etwas eigenwillig geformten Kopf. In der Wissenschaft gilt die

Körperform der Hammerhaie als besonders perfekt. Der flächenartige Hammer bildet in Verbindung mit den Brustflossen eine Art „Doppeldekkerkonstruktion“ und benötigt daher wesentlich langsamere Steiggeschwindigkeiten. Aufgrund der besseren Tragfähigkeit kann er auch erheblich kürzere Wenden schwimmen. Überraschend sind auch die unterschiedlichen Größen der verschiedenen Haiarten; sie reichen vom 12 m langen Walhai bis zum 20 cm kurzen Zwerghai. Das Skelett des Hais wird aus Knorpelzellen gebildet, im Gegensatz zum Knochenskelett anderer Fische. Vergleicht man die Urgeschichte der Haie mit der der Wale, von denen man weiß, daß sie einst an Land gingen und wieder ins Meer zurückkehrten, dann wird man auf einen körperlichen Nachteil der Haie aufmerksam.

Die Wale haben auf dem Umweg über die Lungenatmung eine Schwimmblase entwickelt, im Gegensatz zum Hai, der das Meer nie verlassen hat. Infolgedessen müssen sich die Hochseehaie mit Muskelkraft fortbewegen. Eine ständige Fortbewegung dichteten die ersten Haiforscher den Haien generell an. Sie erklärten dieses Phänomen mit der sogenannten passiven Atmung der Haie. Hierbei ist das Maul leicht geöffnet, und die Kiemenspalten zeigen ein ständiges leichtes Flattern und den kontinuierlich durchfließenden Wasserstrom an. Diese passive Atmung ist wirksam bei einer Geschwindigkeit von zwei Meter in der Sekunde. In den 60er Jahren wurde diese Meinung widerlegt. Bei Beobachtungen von Riffhaien entdeckte man, daß diese durchaus in der Lage sind, in absoluter Ruhelage aktiv zu atmen. Die Forscher Myrberg und Randall wiesen 1978 nach, daß selbst aktive Hochseehaie in der Lage sind, am Boden zu ruhen und auf aktive Atmung umzuschalten.

Falsch war über Jahrzehnte auch die Darstellung der Nahrungsaufnahme von Haien. Haie besitzen ein Revolvergebiß mit 5 bis 15 hintereinander liegenden Zahnreihen, die um das ganze Maul geordnet sind. Es ist mehr als eine Reihe in Gebrauch, aber niemals alle. Die vorderste Zahnreihe ist immer hochgestellt. Sobald vordere Zähne ausbrechen, richten sich die hinteren auf und treten an die Stelle der Vorgänger. Dieser Prozeß hält unverändert an, solange das Tier lebt, z. B. verbrauchen Tigerhaie etwa 1400 Zähne in zehn Jahren. Der Beißdruck beträgt je nach Haiart 18 t pro Quadratzoll, wie der amerikanische Haiforscher Gilbert feststellte. Die Wirkungsweise eines Haigebisses ist fatal. Je nach Beuteobjekt können Haie zwei verschiedene Beißtechniken anwenden. Kleinere Beuteobjekte werden mit dem Gebiß nur festgehalten und mittels der Sogwirkung einfach heruntergeschluckt. Der Haiforscher Gruber aus Miami hat das anhand von Röntgenaufnahmen immer wieder nachweisen können. Handelt es sich um eine größere Beute, wird diese vom Hai durch heftiges Kopfschütteln sägeartig zerlegt. Die Zähne entwikkelten sich übrigens aus den Schuppen aus der Hautoberfläche der Haie. Diese sogenannten Placoidschuppen sind von Haiart zu Haiart unterschiedlich geformt.

Im Kopfbereich der Haie liegt auch deren wichtigstes Sinnesorgan: das Gehör. Es ist das am weitesten reichende Wahrnehmungsorgan. Das innere Ohr ist anders als bei den Knochenfischen durch einen in einer Pore endenden Gang mit der Außenwelt verbunden. Es registriert alle Körperbewegungen in den verschiedenen Raumebenen des Wassers. Alle pulsierenden niederfrequenten Töne, die von Fischen erzeugt werden, kann der Hai registrieren. Bei plötzlicher Änderung der Frequenz, z. B. durch einen verletzten Fisch, wird der Verfolgungstrieb des Hais ausgelöst. Solche Schwingungen können Haie über mehrere tausend Meter hinweg wahrnehmen. Das Gehör steht mit einem anderen Empfangssystem in direkter Verbindung, dem Lateralsystem. Das sind Sinneskanäle, die entlang der Seitenlinie verlaufen. Das Lateralsystem besteht aus einer schmalen Linie, die an beiden Körperseiten des Hais vom Auge bis zum Schwanzansatz verläuft. Die Empfangsbereitschaft bei diesem System tritt aber erst in einer Entfernung von 100 m vom Beuteobjekt in Funktion.

Ein weiteres Sinnesorgan, das die Erregung bei Anwesenheit von Beute erheblich steigert, ist der Geruchssinn. Die zweiteiligen Nasenlöcher unter der Schnauzenspitze können Blut in einer Verdünnung von 1:1,5 Millionen noch wahrnehmen. Das erklärt auch die Tatsache, daß überaus ängstliche Menschen in Gegenwart von Haien schneller angegriffen werden als andere. Beim Ausstoß von Adrenalin sondert der Mensch ein Sekret ab, das den Angriff eines Hais geradezu provoziert.

Wenn ein Hai nur noch wenige Zentimeter von einem Objekt entfernt ist, kommt das letzte Wahrnehmungsorgan zum Einsatz: die Lorenzinischen Ampullen. Das sind zahlreiche, durch die Haut in die Tiefe führende Kanäle, an deren Enden sich Sinneszellen befinden. Sie sprechen äußerst empfindlich auf elektrische Reize an und können Beutetiere aufgrund ihrer bioelektrischen Felder orten, was ihnen bei Dunkelheit oder fehlendem Geruchsreiz zustatten kommt. Der holländische, in den USA arbeitende Haiexperte Kalmijn konfrontierte Haie gleichzeitig mit Futter und Tönen von 180 Hz – die Haie reagierten bald nur noch auf die Töne und bissen in die Elektroden.

Die Augen der Haie spielten lange Zeit in der Forschung eine untergeordnete Rolle. Die meisten Forscher schrieben Haien sogar eine überaus schlechte Sehfähigkeit zu. Die Augen ähneln im Aufbau denen anderer Wirbeltiere, allerdings ist die Linse weit stärker gekrümmt als beim Menschen. Die Linse ist auf Entfernung eingestellt. Zur Scharfeinstellung auf nahe Objekte dreht der Hai die Linse nach vorn. Haiaugen besitzen eine hohe Lichtempfindlichkeit, aber eine geringe Schärfe. Als nachtaktive Jäger können Haie entfernte Objekte selbst bei schwachen Lichtverhältnissen gut erkennen. In Versuchen konnte nachgewiesen werden, daß Haiaugen bereits in Entfernungen von fünf Metern ein Objekt wahrnehmen können.

Ebenso weiß man heute, daß einige Haiarten bedingt farbig sehen können, herrschte doch lange Zeit die Meinung vor, sie könnten nur schwarz-weiß sehen.

Über das soziale Verhalten von Haien ist wenig bekannt. Beobachtungen und Versuche namhafter Haiforscher beschränkten sich ausschließlich auf Riffhaie. Verhaltensschemata einer Haiart in einem bestimmten Gebiet waren bei der gleichen Haiart in einem anderen Gebiet nicht nachzuweisen. Über den Nutzen der Laborforschung sind Haiexperten geteilter Meinung. Ein bekannter Forscher sagte einmal: „Ein Hai in einem Becken ist wie ein Vogel in seinem Käfig. Man kann nicht sagen, daß er sein natürliches Verhalten zeigt."

Genaueres kann man über die Fortpflanzung der Haie aussagen. Alle männlichen Haie haben zwischen den Bauchflossen zwei penisartige Stacheln, Klammerorgane genannt. Diese Organe werden bei der Kopulation in den After des Weibchens eingeführt, damit das Sperma durch offene Rollen in den Eileiter des Weibchens fließen kann. Die Klammerorgane sind von Haiart zu Haiart unterschiedlich, so daß Kreuzungen offenbar ausgeschlossen bleiben.

Während der Paarung schwimmen Weibchen und Männchen absolut synchron nebeneinander, die hinteren Hälften der Körper dicht aneinandergepreßt. Eines der Klammerorgane befindet sich dabei rechtwinklig vom Körper des Männchens abgestellt in der Analöffnung des Weibchens. Sogenannte Hochzeitsnarben und Wunden auf den Körpern vieler Haie zeugen von den rauhen Sitten der Partner. Die Entwicklung der Haiembryonen ist meist ovipar, das heißt, die Weibchen legen nach der

Befruchtung dotterreiche Eier in hornigen Schalen ab, die mit traubenartigen Verlängerungen im Tang befestigt werden – die älteste Fortpflanzungsart. Ovipar sind z. B. Walhaie, einige Ammenhaie und auch die Katzenhaie.

Bei den oviparen Arten werden die Eikapseln im Eileiter der Mutter gesprengt. Die Embryonen entwickeln sich im Eileiter der Mutter. Die Geburt erfolgt, sobald die Embryonen voll entwickelt und schlüpffähig sind.

Der gefährliche weiße Hai wird z. B. so geboren. Diese Embryonen verbrauchen den eigenen Dottersack sehr rasch und ernähren sich dann von benachbarten unbefruchteten Eiern. Die letzte Entwicklungsstufe ist die vivipare. Die Embryonen liegen in gebärmutterähnlichen Fortsätzen der beiden Eileiter. Vivipar sind z. B. die meisten Blauhaie und die Hammerhaie. Die Entwicklungszeit der Embryos dauert je nach Art zwischen sechs und 22 Monaten und schwankt zwischen einem und 100 Embryonen.

Für viele Leser steigt augenblicklich die Spannung, wenn von gefährlichen Begegnungen mit Haien berichtet wird. Nach meinen vielen Tauchgängen mit Haien in fast allen Meeren bin ich nicht in der Lage, optimale Verhaltensmaßregeln im Umgang mit Haien zu geben. Was in dem einen Fall richtig war, erwies sich beim nächsten Mal fast als fataler Irrtum. Bei der Filmarbeit mit Haien bedarf es jedenfalls optimaler Vorbereitungen, um sich zu schützen. Dazu gehören erfahrene Sicherheitstaucher, die die Kameraleute mit entsprechenden Abwehrwaffen vor Angriffen schützen. Ein Schutzkäfig als wichtigste Sicherheitszone ist absolut notwendig. Alle bekannten Abwehrmittel, wie der „Shark chaser“, ein von der US Navy während des 2. Weltkriegs entwickeltes Päckchen mit simplem Kupferacetat, der „berühmte Abwehrschrei“, Blasenvorhänge und Stromfelder, die der Hai angeblich nicht überwindet, oder aber der Haisack, in den man „reinsteigt“, sind barer Unsinn.

Dies konnte ich durch Filmaufnahmen darstellen. Die einzig wirksamen Abwehrmittel sind die an haigefährdeten Badestränden eingesetzten Haiabwehrnetze oder in der Hand eines furchtlosen Tauchers, ein simpler etwa ein Meter langer Holz- oder Metallstab, mit dem er sich über kurze Zeit einen einzelnen Hai vom Leib halten kann. Vor etwa zehn Jahren entwickelte der amerikanische Biologe Jeromiah Sullivan den „Steel suit“, vergleichbar mit dem Kettenhemd einer Ritterrüstung. Dieser Anzug besteht aus 180 000 Edelstahlringen. Wir konnten vor Jahren in extremen

Filmarbeit aus dem Sicherheitskäfig.

Zeitlupenaufnahmen darstellen, daß der Taucher bei einem Biß gut geschützt ist. Leider ist der Schutz bei einem Angriff von Mako- oder Weißhaien nicht mehr wirksam.

In diesem Zusammenhang muß ich an zwei Begebenheiten denken, die das Verhalten von Haien so schwer erklärbar machen. Die erste ereignete sich im Verlauf der Filmarbeiten mit dem „Steel suit". Wir hatten an einem Nachmittag verzweifelt versucht, für ein Experiment Blauhaie 50 Seemeilen vor der Kalifornischen Küste anzulocken.

Nicht eine Schwanzspitze ließ sich sehen; gegen 18 Uhr abends gingen wir mit unseren Kameras fast gelangweilt ins Wasser. Was sich in der folgenden halben Stunde abspielte, spottet jeder Beschreibung. In dieser Zeit tauchten etwa 150 Blauhaie auf und gerieten aus unerklärlichen Gründen in eine sogenannte „feeding frenzy", einen Freßrausch, der fatale Folgen haben kann. Auch unsere abgebrühten Sicherheitstaucher suchten den Käfig auf. Selbst die schmalen Öffnungen für die Filmarbeit mußten geschlossen werden. Nur mit Mühe gelang es der aufmerksamen

Bootsmannschaft, den Käfig so nahe an das Schiff zu ziehen, daß wir heil aus dem Käfig herauskamen.

Die „feeding frenzy" ging soweit, daß die Haie über die Stahlgitter des an der Oberfläche liegenden Käfigs robbten und in die Stahlstangen bissen. Zu diesem Zeitpunkt befanden sich keine Köder im Wasser, durch die die „feeding frenzy" zu erklären gewesen wäre.

Ein erklärbarer Vorfall ereignete sich bei Filmarbeiten in einem Korallenriff auf den Bahamas. Wir arbeiteten bei einem zweiten Tauchgang inmitten von Grauhaien, ohne Sicherheitskäfig, aber relativ geschützt durch das verästelte Riff. Auch hier veränderte sich das Verhalten der Haie schlagartig. Nach kurzer Zeit griffen die Tiere an und drangen – was ungewöhnlich ist – in entlegenste Winkel des Riffs vor. Eine Schlacht mit Abwehrstöcken begann. Noch heute ist uns unklar, wie das sechsköpfige Team den sicheren Rückweg zum Boot schaffte. Der Vorgang löste eine heftige Diskussion aus, zumal nach dem ersten Tauchgang eine derartige Reaktion der Haie nicht zu erwarten gewesen war. Der Grund, der sich schließlich herausstellte, war simpel. Eine mitreisende Fotografin, die beim zweiten Tauchgang mittauchte, hatte ihre Regelblutung. Trotz der Kenntnisse, daß man in einem solchen Fall nie in Haigewässern baden oder tauchen darf, hatte sie, um zu guten Bildern zu kommen, ein Team in tödliche Gefahr gebracht. Es kann aber gesagt werden, daß die Möglichkeit, beim Baden von einem Hai angefallen zu werden, kleiner ist, als von einem Blitz erschlagen zu werden. Der Haiforscher David Baldridge, Verfasser der „Shark Attack File", einer Statistik über Haiunfälle, hat über viele Jahre hinweg Aufzeichnungen und Berichte, Akten und Augenzeugenschilderungen studiert und insgesamt 1165 Haiunfälle exakt zu analysieren versucht. Von diesen 1165 untersuchten Unfällen gingen 35 % tödlich aus. Sicherlich wäre es an dieser Stelle nicht richtig, diese Zahl zu bagatellisieren, doch ebenso falsch wäre es, die Gefahr zu dramatisieren.

Die Wahrscheinlichkeit, einem der möglichen Killer unter den Haien, dem Weißspitzenhochseehai, dem Makohai oder gar dem Weißen Hai zu begegnen, ist verschwindend gering. Das erklärt auch einige sogenannte „Exklusivangebote" amerikanischer Reiseveranstalter mit dem Slogan: „Erleben Sie den König der Meere – den Weißen Hai". Auch der Preis ist exklusiv; 15 000 US Dollar kostet der auf wenige Tage beschränkte Trip nach Australien. Eine Garantie, die Weißen Haie zu sehen, übernehmen die Veranstalter nicht. Die Haie könnten, trotz der Unmengen an Blut, die man ins Wasser kippt, um sie anzulocken, ausbleiben.

Die Könige der Meere lassen sich nämlich weder in das Programm eines Reiseveranstalters zwingen, noch kann die Forschung heute schlüssige Daten über ihr Verhalten vorlegen. Aber eines ist sicher: Ihr Lebensraum ist äußerst gefährdet.

Sigurd Tesche

Nautilus – 500 Millionen Jahre im Meer

500 Millionen Jahre im Meer, eine für uns Menschen unvorstellbare Zeitspanne; aber nicht für den Nautilus – ein ganz besonderes Lebewesen. Er ist eine der ungewöhnlichsten Entwicklungen der Natur, sozusagen ein „Oldtimer mit hochmoderner Technik". Er faszinierte den Poeten Oliver Wendell Homes und diente dem Schriftsteller Jules Verne bei seinen Zukunftsvisionen moderner Tauchboote als Vorbild. Den wissenschaftlichen Namen „Nautilus" bekam das lebende Fossil von dem griechischen Mathematiker Aristoteles.

Im frühen Erdmittelalter wimmelten die Meere von Nautiloiden, lange bevor die Fische auf der Szene erschienen. In seiner Körperform fast unverändert wurde der Nautilus Zeuge der gesamten Entwicklungsgeschichte der höheren Tiere im Meer. Seine Feinde aber operierten mit immer besserer Waffentechnik, das erklärt seinen geringen heutigen Bestand, der auf wenige Plätze in den wärmeren Meeren beschränkt ist. So lebt er zum Beispiel im Bereich der Inseln im westlichen Pazifik. Der Lebensraum der Nautiloiden liegt zwischen 200 und 700 Metern. Nur bei Nacht steigen sie zur Futtersuche in geringere Tiefen empor. Die Nautiloiden gehören neben den vor 60 Millionen Jahren ausgestorbenen Ammoniten zum Stamm der Weichtiere, und deren höchstentwickelte Vertreter sind die Kopffüßer, zu denen die Kraken, Kalmare und Sepien gehören.

Vor etwa 300 Millionen Jahren konnten sich die Ammoniten und Nautiloiden extrem stark verbreiten. Ganz besonders die Ammoniten, die die warmen Meere der Jura- und Kreidezeit förmlich überschwemmten. Sie haben in ihrer Artenvielfalt mit den Nautiloiden das Leben im Meer stark geprägt.

Sie gehören zu den häufigsten Versteinerungen, die man heute findet. Vor etwa 60 Millionen Jahren begann plötzlich das große Artensterben,

Nautilus-Gehäuse im Schnitt.

von dem auch die Ammoniten nicht verschont blieben. Während sie restlos ausstarben, überlebten die Nautiloiden praktisch unverändert. Dennoch sind die Vorkommen der Nautiloiden in unseren Meeren sehr klein. Sie werden zwar nicht als Nahrung gejagt, aber ihre Schalen sind begehrte Sammlerartikel.

Vor etwa 225 Millionen Jahren entwickelten die Nautiloiden ihre äußere eingerollte Schale, die einem Schneckenhaus nicht unähnlich ist. Die Waffen höher entwickelter Freßfeinde machten dies notwendig. Vor dieser Zeit waren sie in gestreckter Form bodenlebende Tiere. Bei Gefahr können sie den außerhalb des Gehäuses befindlichen Kopf blitzschnell zurückziehen und das Gehäuse mit einer Kapuze verschließen. Wichtig für die erfolgreiche Überlebensstrategie ist auch der Sipho, mit dem sie nach dem Rückstoßprinzip alle Horizontalbewegungen ausführen.

Die Ursprünglichkeit des Nautilus zeigt sich auch in der Konstruktion seiner Augen. Er hat sogenannte Blasenaugen, das sind Gruben, die sich nach außen hin verengen. Am Grubenboden sitzt die Netzhaut, die ein

Nautilus frißt Tiefseegarnele.

schwaches und unscharfes schwarz-weißes Bild nach dem Prinzip der Lochkamera liefert, ganz im Gegensatz zu den hochentwickelten Sehorganen der anderen modernen Kopffüßer. Von den Kraken kennen wir alle die hochentwickelten Fangarme mit ihren Saugnäpfen. Im Vergleich zu diesen acht- oder zehnarmigen Verwandten, den Sepien, hat der Nautilus bis zu 90 Arme, die aber bei weitem nicht so hochentwickelt sind wie die der Kraken. Sie dienen ihm als Geschmacksorgane und Strömungsfühler.

An diesen etwa 90 Fangarmen sitzen Hautfalten, die ein ausreichendes Festhalten kleiner Beutetiere, vornehmlich Tiefseegarnelen, gewährleisten. Die Fangarme, auch Cirren genannt, stehen in zwei Reihen um den Mund und können in fingerartige Taschen zurückgezogen werden. Einige der Cirren werden im Lauf der Geschlechtsreife zu Begattungsorganen umgebildet.

Ungewöhnlich modern ist das in Kammern unterteilte Gehäuse des Nautilus. Dieser „hydrostatische Apparat" ist für wirbellose Tiere einzigartig. Man kann den Nautilus drehen, wie man will, er fällt immer wieder in die gleiche Lage zurück. Dieses Prinzip funktioniert bis zu einer Tiefe von 700 Metern. In dieser Tiefe lastet auf dem Gehäuse ein Druck von 71 bar. Das Geheimnis des Gleichgewichts liegt im Innern. Von der kleinsten Kammer bis zur größten verläuft eine Röhre. Durch sie kann der Nautilus die hinteren Kammern nicht nur leerpumpen, sondern diese auch wieder mit einem körpereigenen Gas füllen. Dadurch bekommt das Tier Auftrieb. Durch Veränderung des Gas- bzw. Flüssigkeitsgehaltes kann der Nautilus auf- und abtauchen.

Ein weiterer wichtiger Faktor in der Anatomie des Gehäuses ist die Anzahl der Kammern. Hieran erkennt man das Wachstum des Nautilus. Er bewohnt zunächst nur die äußere Wohnkammer. Mit zunehmender Körpergröße wächst er aus dieser heraus und baut eine neue darauf auf. Henry Moseley, Astronom und Naturphilosoph, fand heraus, daß die Radien in der jeweils äußeren Spirale des Nautilus immer dreimal größer sind als die in der inneren. Diese logarithmische Spirale hat die Eigenschaft, daß die Körperform wächst, ohne sich zu verändern. Die Anzahl der Kammern eines Nautilusgehäuses geben darüber hinaus Aufschluß über das Alter des Tieres.

Gerne wird der Nautilus auch als Perlboot bezeichnet. Das rührt von der perlmutt-überzogenen inneren Schale des Nautilus her und deren bootförmigen Gestalt.

Meine erste Begegnung mit einem Nautilus war in einem Seeaquarium. Erstaunlich ist die Anziehungskraft, die von diesem eigenartigen Fossil ausgeht. Aquarien mit Nautiloiden sind selten und immer von Besuchern umlagert. Ich beschloß, mit dem Nautilus einen Film zu realisieren. Auf meiner Suche nach „sicheren" Drehorten stieß ich auf eine Gruppe von Biologen der Universität von Hawaii, die sich schon seit längerem mit dem Verhalten von Nautiloiden beschäftigten. Ihr Arbeitsgebiet waren die vorgenannten Palau-Inseln. Um das Verhalten und die geographische Ausdehnung des Lebensraumes des Nautilus zu beobachten, hatten die Biologen eine Fangvorrichtung entwickelt, die mit einer fernausgelösten Video-Kamera und Scheinwerfern gekoppelt war. Das Gerät war mit einem Fangkorb verbunden, und die Nautiloiden sollten mit einem Fisch geködert werden. Die Arbeitstiefe der Anlage war 400 m. Das System funktionierte: Nach zwei Stunden erschien der erste Nautilus auf der Bildfläche. Nach etwa acht Stunden war der Korb voll. Die Nautiloiden wurden langsam an die Oberfläche gebracht.

Generell beschreitet man zwei Wege, um Aufschluß über die Wanderungen der Nautiloiden zu bekommen. Erst einmal werden sie markiert, in der Hoffnung, sie an entfernten Plätzen wieder aufzufischen. Gleichzeitig wird festgehalten, wie viele männliche und weibliche Tiere eingefangen worden sind.

Unsere markierten Nautiloiden wurden nach dieser ersten Arbeit vorsichtig wieder ins Meer gebracht. Wichtig war dabei, daß die Anpassung an die veränderten Druckverhältnisse langsam vor sich ging, denn schon häufig sind Perlboote, die zu schnell aus größeren Tiefen nach oben gebracht oder wieder abgelassen wurden, gestorben.

Die zweite Methode besteht darin, daß man einige Tiere mit winzigen Sendern versieht und mit entsprechender Empfangsanlage von der Oberfläche aus verfolgt. In unserem Fall blieben die meisten Tiere in der Gegend, wo man sie gefangen hatte. Einige legten aber auch Entfernungen von 20 Seemeilen zurück.

Zum Abschluß der Dreharbeiten vor Palau gelang dann noch eine Videoaufzeichnung von einem abgelegten Nautiloidenei, das den Fortbestand sichern sollte. Im Innern war deutlich sichtbar der Embryo. Über die Paarung der Nautiloiden ist wenig bekannt, aufgrund ihres in großer Tiefe liegenden Lebensraumes. Man nimmt an, daß sie sich im Gegensatz zu ihren Verwandten, den Kraken – das Weibchen stirbt nach der ersten Eiablage –, häufig paaren. Die Lebenserwartung der Nautiloiden liegt zwischen 15 und 20 Jahren. Die Vorkommen lebender Fossilien sind klein, und wenn man dem bekannten Nautiloidenforscher John Arnold glauben darf, „bewegen sie sich auf der Straße des Aussterbens".

Wir haben begonnen, eine kleine Kreatur, deren Art sich in 500 Millionen Jahren kaum verändert hat, in kurzer Zeit zu zerstören.

Thomas Theyke

Im Helikopter zu den Urvögeln

Der Hoatzin – Ein Vogel mit Vergangenheit

„Der Flug des Hoatzins ähnelt dem einer überfressenen Henne; seine Stimme ist nicht melodischer als das Gekrächze eines Truthahns und weniger klangvoll als das Brüllen eines Alligators. Seine Erscheinung ist eher reptilhaft als vogelartig, und so wie er riecht ein Vogel nur dann, wenn bereits die Verwesung eingesetzt hat.

Trotz allem ist der Hoatzin der bemerkenswerteste und interessanteste Vogel auf unserer Erde."

Dieses bedauernswerte Geschöpf, das der amerikanische Naturforscher William Beebe im Jahr 1917 mit diesen wundervollen Allegorien porträtierte, entstammt nicht etwa der Phantasie eines Walt Disney, sondern ist tatsächlich der imposante, etwa hühnergroße Hoatzin, dessen Heimat die Überschwemmungsgebiete im Norden Südamerikas sind.

Rätsel und Widersprüche

Auch vom wissenschaftlichen Standpunkt aus ist der Hoatzin (*Opisthocomus hoatzin*) eine einzigartige Spezies mit einer Vielzahl von Besonderheiten, weshalb seine Stellung im zoologischen System immer noch umstritten ist. Wurde er früher wegen seines Erscheinungsbildes den Hühnervögeln zugeordnet, so haben immunologische Untersuchungen jüngeren Datums eine Verwandtschaft mit den Kuckucksvögeln angezeigt. Daher wird der Hoatzin heutzutage bevorzugt in eine eigene Ordnung gestellt. Schon seine Ernährungsweise unterscheidet den Hoatzin von allen rezenten Vögeln. Er frißt ausschließlich Blätter verschiedener Pflanzen, die in einem riesigen muskulösen Kropf zermahlen werden. Einzigartig sind auch seine Verhaltensweisen. Trotz seiner voll ausgebildeten Flügel sind die Flugleistungen des Hoatzins äußerst bescheiden, und bildhafte Schilderungen von halsbrecherischen Crash-Landungen finden sich in mehreren Berichten. Der eigentliche Lebensraum der Hoatzins sind niedere Büsche und Sträucher, in denen er sich trotz seiner beträchtlichen Größe äußerst geschickt bewegt.

Ein anderer Aspekt rückt den Hoatzin auch aus evolutionären Gesichtspunkten in ein besonderes Licht. Fossilfunde aus dem Miozän (vor etwa 25 Mio. Jahren) zeigen, daß der Hoatzin ein entwicklungsgeschichtlich sehr alter Vogel ist und sich in Jahrmillionen fast nicht verändert hat. Ein augenfälliges Relikt der Vorzeit ist den Hoatzinjungen erhalten geblieben: Sie haben zwei krallenbewehrte, bewegliche Finger an den Flügeln, mit deren Hilfe sie schon wenige Tage nach dem Schlüpfen im Geäst umherkrabbeln. Auch der Vorläufer der heutigen Vögel, der Urvogel Archaeopteryx, der vor etwa 130 Mio. Jahren lebte und auf einer Evolutionsstufe zwischen Reptilien und Vögeln stand, hatte derartige Krallen. Ungeachtet dieser Fülle von Besonderheiten ist der Hoatzin von der Wissenschaft bisher äußerst nachlässig behandelt worden, und auch in der populärwissenschaftlichen Literatur und Filmdokumentation erscheint er fast nicht. Die spärliche Literatur ist zudem durch eine Reihe von Widersprüchen gekennzeichnet, von denen hier nur der vermeintliche Geruch der Vögel angesprochen werden soll. Einige Autoren beschreiben den Geruch als äußerst unangenehm und verweisen darauf, daß der Hoatzin von den Bewohnern der Region mit dem Namen „Stinkvogel" oder „Stinking Pheasant" bedacht und ungeachtet seiner stattlichen Größe nicht gegessen wird. Mit dem ihm eigenen Sprachwitz beschreibt der schon zitierte William Beebe den Geruch als nicht unbedingt angenehm und vergleicht ihn mit dem Geruch von Zirkuselefanten: ein Teil Sägespäne, ein Teil Erdnüsse, ein Teil andere Tiere und drei Teile dösende Elefanten! Andererseits wird behauptet, daß der Vogel an sich nicht riecht, sondern einzig von der vorverdauten Nahrung im Kropf ein starker Geruch ausgeht, wenn dieser zerschnitten wird. Diesen und andere Wi-

---

➢

Ein äußerst sonderbarer Vogel ist der im nördlichen Südamerika beheimatete Hoatzin (*Opisthocomus hoatzin*). Skurriles Aussehen, seltsame Verhaltensweisen und ein unangenehmer Geruch führten dazu, daß ihn die Bevölkerung mit zahlreichen originellen Spitznamen bedachte. „Cigano" im portugiesischen, „Sassa" im französischen Sprachraum, sowie „Stinkvogel", „Stinking Hannah" und „Governor Buttenbergs Turkey" zeugen von dem Einfallsreichtum der Menschen.

dersprüche aufzuklären, die Tiere in ihrem natürlichen Lebensraum zu beobachten sowie einen Dokumentarfilm über diesen höchst sonderbaren Vogel zu drehen, war das erklärte Ziel einer Expedition, die den Autor dieses Berichtes zusammen mit Andrea Zahn und Michael Schwalbach für drei Monate nach Französisch Guyana führte.

Stinking Hannah

Französisch Guyana, ein Überseeterritorium Frankreichs und in erster Linie bekannt durch Kourou, den Startplatz der europäischen Trägerrakete „Ariane", ist, obgleich im Nordosten Südamerikas gelegen, in gewisser Hinsicht nicht so weit von seinem Mutterland entfernt, wie das aufgrund der geographischen Distanz zu erwarten wäre. Auch hier trifft man an allen dem Menschen zugänglichen Stellen keine größeren Wildtiere mehr an, so daß Berufsjäger, die die Restaurants mit Tieren für so exotische Gaumenfreuden wie Fricassee de Macaque (Affenfrikassee), Kaiman-, Anaconda- und Gürteltierragout beliefern, in immer entlegenere Regionen des Landes vorstoßen müssen. Auch der Hoatzin, der zwar nicht gegessen, sondern meist grundlos abgeschossen oder bestenfalls noch als Fischköder verwendet wurde, fiel diesem faunistischen Kahlschlag zum Opfer und ist heute in Französisch Guyana fast ausgerottet. Damit standen die Zeichen für unser Filmprojekt nicht besonders günstig. Tagelang befuhren wir mehrere Flüsse, deren Uferbereiche unseren Informationen zufolge den Hoatzins einen optimalen Lebensraum bieten sollten. Obgleich wir auf diesen Fahrten weit in das Landesinnere vorstießen und dort eine weitestgehend unberührte Landschaft mit einer Vielzahl seltener Pflanzen und Tiere zu Gesicht bekamen – von Hoatzins keine Spur. Aussagen von Tierfängern zufolge müßten wir, wollten wir Hoatzins sehen, in die Sümpfe von Kaw, ein unzugängliches Sumpfgegbiet, das nur aus der Luft zu erreichen ist und daher erst von einer Handvoll Menschen betreten wurde.

Am Flugplatz in Chayenne, der Hauptstadt Französich Guyanas trafen wir einen Buschpiloten, der sich bereit erklärte, uns mit seinem Helikopter in die Sümpfe von Kaw zu fliegen. Unzählige Kisten mit Ausrüstung und Proviant wurden in dem winzigen Cockpit des Helikopters verstaut, ein Aluboot an die Kufen gebunden, und in dem mit Gepäck und vier Personen restlos überladenen Helikopter flogen wir in Richtung Süden. Nach etwa einer Stunde Flug über die grünen Gipfel des Regenwaldes eröffnete sich am Horizont eine schier endlose Ebene: die Sümpfe von Kaw, eine monotone Landschaft, geprägt von Schilfgräsern und anderen Sumpfpflanzen und nur von einigen Flußläufen durchwunden, an deren Ufer sich Büsche und kleinere Bäume angesiedelt haben. In der Nähe eines dieser Flüsse gingen wir runter – ich sollte besser sagen: fast runter. Während der Pilot den Helikopter etwa zwei Meter über der berüchtigten Grasnarbe hielt, sprangen wir in den Sumpf, und knietief im Morast stehend, nahmen wir Ausrüstung und Boot entgegen. Nach einem hoffentlich nicht wörtlich gemeinten „Hals- und Beinbruch" und mit dem Versprechen uns zu einem festgelegten Datum an der gleichen Stelle wieder abzuholen, zog der Pilot den Helikopter hoch und verschwand wenige Minuten später am Horizont. Von nun an waren wir für die kommenden Wochen, ohne jeglichen Kontakt zur Außenwelt, vollkommen auf uns allein gestellt. In einer mit Palmen bestandenen Insel errichteten wir unser Lager. Die Hängematten wurden zwischen den Bäumen aufgehängt, und eine Plastikplane, die mit peinlicher Sorgfalt über unsere Schlafstätten gespannt wurde, sollte uns Schutz vor den fast täglichen tropischen Regenschauern bieten. Mit Baumstämmen und Palmwedeln wurden dann noch sumpfige Stellen überbrückt, und unser Lager, in seiner Ausstattung an Bescheidenheit wohl kaum zu überbieten, war bezugsfähig.

Noch am gleichen Tag unternahmen wir eine erste Erkundungsfahrt flußaufwärts und stießen auch direkt auf eine größere Kolonie Hoatzins. Hoatzins leben gesellig in größeren Trupps zu etwa 30–40 Tieren in der Uferregion der Flüsse, wo sie sich an exponierten Stellen, auf trockenen Ästen und kleinen Bäumchen, aufhalten. Werden sie gestört, fliegen sie mit ohrenbetäubendem Spektakel, aus vollem Halse krächzend und fauchend auf und lassen sich nach kurzem Flug wieder auf ähnlichen Plätzen nieder. Deutlich erkennt man die Schlafplätze der Hoatzins an den über und über mit weißen Exkrementen überzogenenen Ästen. Der penetrante Geruch, der von den Exkrementen ausgeht, ist vielleicht am besten mit dem beißenden Geruch eines Hühnerstalles zu vergleichen – die von William Beebe vorgeschlagene Komposition aus Erdnüssen, Sägespänen und Elefanten erscheint mir doch etwas zu phantasievoll. Um herauszufinden, ob auch die Vögel mit diesem Geruch behaftet sind, beschlossen wir, einen Hoatzin zu fangen. Unser Plan sah vor, einen Hoatzin in einer regnerischen Nacht auf seinem Schlafbaum mit einer Taschenlampe zu blenden, um ihn dann mittels Lassoschlinge vom Ast zu fangen. Dieses

Unterfangen, in der Theorie bestechend einfach, sah jedoch in der Praxis nicht ganz so unkompliziert aus. Das Einzige, was wir während unserer ersten Fangexpeditionen vor die Taschenlampe bekamen, waren die rubinroten Augen der Kaimane, die in großer Zahl regungslos an der Wasseroberfläche lagen und deren Augen im Lichtstrahl der Lampe reflektierten. Nach einigen vergeblichen Nachtausflügen hatten wir dann endlich Erfolg! Und tatsächlich: Der Hoatzin macht seinem Namen „Stinking Hannah" alle Ehre. Der penetrante Geruch, der von den Exkrementen der Tiere ausgeht, haftet, wenn auch etwas abgeschwächt, auch seinem Gefieder an. Da uns unser Begleiter versicherte, daß das Fleisch nicht mit diesem Geruch behaftet ist, und wir unseren gefangenen Vogel nicht töten wollten, entließen wir „Stinking Hannah" am nächsten Tag wieder in die Freiheit.

Obwohl bei den Hoatzins im Erscheinungsbild kein Unterschied zwischen den Geschlechtern besteht, ist es doch möglich, einzelne Individuen voneinander zu unterscheiden. Die Tiere verschleißen im Lauf der Zeit im dornigen Buschwerk den dunkelbraunen Saum am Ende ihrer langen Schwanzfedern. Durch die permanente Mauser verlieren verschiedene Tiere an unterschiedlichen Stellen die eine oder andere Schwanzfeder. Die Position der nachwachsenden Federn, die anhand des intakten braunen Saumes erkannt werden kann, ist so weitestgehend ein individuelles Kennzeichen eines jeden Hoatzins. Durch diese Möglichkeit der Identifizierung konnten wir die Verhaltensweisen der Hoatzins, speziell die eines brütenden Paares, genauer studieren und im Film dokumentieren.

Zur Brutzeit, die sich anscheinend jeder längeren Regenperiode anschließt, sondern sich die Paare von der Gemeinschaft ab und bauen in den Ufersträuchern, direkt über dem Wasser ein kunstloses Nest. Die Bauweise des aus trockenen Zweigen geschichteten Nestes ist äußerst spartanisch und läßt zu, daß man von unten durch das Nest blickend erkennen kann, ob sich Eier darin befinden. Keine fünf Meter von einem Nest mit Gelege entfernt und nur durch den Flußlauf getrennt, bezogen wir unseren Beobachtungsposten. Um in dem Sumpf den notwendigen festen Stand für die Kamera zu haben, bauten wir aus Baumstämmen eine Plattform, die wir an senkrecht, tief in den Sumpf getriebenen Pfeilern verankerten. Auf dieser Plattform inmitten des Sumpfes und von der Tropensonne tagtäglich mehr als verwöhnt, verbrachten wir Tage und Wochen damit, das erste umfassende Filmporträt der Hoatzins zu erstellen.

Es dauerte nicht lange, bis wir feststellten, daß Hoatzins ein äußerst müßiges Leben führen. Werden sie nicht gestört, verbringen sie fast den ganzen Tag regungslos im Geäst. Nur in den frühen Morgen- und Abendstunden, wenn die Temperaturen einigermaßen erträglich sind, sind Hoatzins aktiv. Diesem Tagesablauf hieß es sich anzupassen, und so mußten wir bereits eine Stunde vor Sonnenaufgang mit schußbereiter Foto- und Filmkamera auf unserer Beobachtungsplattform sein. Mit den ersten Sonnenstrahlen steigen die Hoatzins ins Unterholz herab, um zu fressen. Hoatzins sind Nahrungsspezialisten und ernähren sich ausschließlich von Blättern verschiedener Pflanzen: Das in den Sümpfen in großen Mengen vorkommende Muca Muca, ein Verwandter der auf deutschen Fensterbänken weit verbreiteten Calla Lilie, mit seinen harten, wachsüberzogenen Blättern nimmt dabei den größten Anteil ein. Diese rein vegetarische Ernährung hat weitreichende anatomische Konsequenzen.

In einem muskulösen Kropf, der bei den Hoatzins eine gewaltige Größe angenommen hat, werden die harten, nährstoffarmen Blätter zu feinem Brei zerrieben. Der überdimensionale Kropf, der etwa 50mal so groß ist wie der Magen, liegt in der Region des Brustbeines, das bei Hoatzins im Vergleich zu anderen Vögeln stark verkleinert ist. Das reduzierte Brustbein bietet den Flugmuskeln keine ausreichende Ansatzstelle, weshalb der Hoatzin trotz seiner großen, voll entwickelten Flügel nur sehr schwerfällig und über kurze Strecken fliegen kann. In der Regel kann man Flüge über 10 bis 50 Meter beobachten, wobei letztere schon zu den ausgesprochenen Langstreckenflügen zählen. Wie schon der wenig kapriziöse Flug des Hoatzins entbehrt auch die Landung jeglicher Eleganz. Vielmehr läßt er sich mit weit vorgestreckten Füßen und nahezu unverminderter Geschwindigkeit in die Büsche fallen, was nicht selten dazu führt, daß der anvisierte Ast unter dem doch beträchtlichen Gewicht des Vogels nachgibt und er erst einige Äste tiefer festen Halt findet. Seinen beschränkten avianen Fähigkeiten Rechnung tragend, hat sich der Hoatzin an ein Leben im dichten Gestrüpp angepaßt, wo er sich trotz seiner Größe geschickt, mit Flügeln und Schwanz balancierend bewegt.

Relikte der Vorzeit

Nach etwa vier Wochen Brutdauer schlüpfen die mit schwarzen Daunen befiederten Jungen. Schon wenige Tage nach dem Schlüpfen beginnen die winzigen Jungen mit kurzen Ausflügen in die Umgebung des Nestes. Mit weit gespreizten Flügeln balancieren sie noch recht unbeholfen über die Äste und nutzen jede sich bietende Möglichkeit, sich mit den Flügeln abzustützen. Dabei kommen ihnen die schon angesprochenen beweglichen Krallen an den Flügeln zugute, die ihnen im Falle eines Fehltrittes eine zusätzliche Sicherheit geben.

Obwohl einige Wissenschaftler die Krallen als ein atavistisches Merkmal ansehen, drängt sich der Vergleich mit dem Urvogel Archaeopteryx geradezu auf. Wie die Versteinerungen des Urvogels zeigen, hatte auch er derartige bewegliche Krallen an den Fingergliedern der Flügel. Biomechanischen Überlegungen zufolge flog auch er sehr schlecht und lebte wahrscheinlich, wie auch der Hoatzin, in Büschen und Sträuchern, wobei auch er seine Krallen als Kletterhilfe einsetzen konnte. Auch Nestlinge anderer Vogelarten haben Krallen an den Fingergliedern, die, wie auch die Krallen der Hoatzinjungen, mit dem Übergang zum Erwachsenenfederkleid zurückgebildet werden. Die Krallen der Hoatzins unterscheiden sich in mehrfacher Hinsicht von denen anderer Vögel und haben durch ihre Ähnlichkeit mit denen des Urvogels Archaeopteryx einen überaus archaischen Charakter. Die Krallen der Hoatzins sind zum einen so groß wie die des Urvogels und zum anderen sind sie, wie sonst einzig die Krallen des Urvogels, durch Gelenke beweglich. Die Sonderstellung des Hoatzins wird ferner durch die Entwicklung der Schwungfedern unterstrichen, die einem urtümlichen Schema folgt. Beim Hoatzin bleiben die beiden äußeren Federn der Flügel in ihrer Entwicklung weit zurück. Diese Situation ist analog zu der des Urvogels, dessen äußere Schwungfedern deutlich verkürzt waren, wogegen bei moderneren Vögeln die beiden äußeren Federn tendenziell eher verlängert sind.

Dauerten die Ausflüge der Jungen in den ersten Tagen nur einige Minuten, so sind sie, im Alter von fünf bis sechs Tagen für etwa eine Stunde unterwegs, bis sie dann, im Alter von ungefähr zehn Tagen nicht mehr auf ihr Nest zurückkehren. Fortan verbringen sie die Nacht an exponierter Stelle unter dem Flügel eines Altvogels. Tagsüber sitzen sie im dichten Unterholz, wo sie, aufgrund ihrer guten Tarnfärbung nur schwer zu sehen sind. Vollkommen unselbständig und flugunfähig sind sie immer noch auf elterliche Fürsorge angewiesen. Die Aufzucht der Jungen liegt aber nicht allein in der Hand der Eltern, sondern wie auch bei einigen anderen Vogelarten werden die Eltern bei der Aufzucht der Jungen von sogenannten Helfern unterstützt. Als Helfer fungieren meist die Jungen aus der Brut des vergangenen Jahres, aber auch nicht verwandte Tiere können die Funktion eines Helfers übernehmen. Dieses altruistische Verhalten garantiert den Hoatzins durch eine bessere Versorgung der Jungen nicht nur einen höheren Bruterfolg, sondern bietet, so wird vermutet, auch den Helfern durch ihre als Helfer gesammelte Erfahrung Vorteile für ihre eigene Brut im nächsten Jahr.

Bei den Hoatzins ist die Situation jedoch noch etwas komplexer. Der Biologe Stuart Strahl, der seit einigen Jahren Hoatzins in Venezuela beobachtet, berichtet, daß er nicht nur brütende Paare mit Helfer, sondern auch ohne Helfer sah. Darüber hinaus kam es auch wiederholt vor, daß zwei verschiedene Paare ihre Eier in ein einzelnes Nest legten und deren kollektive Brut außer von den beiden Paaren noch von zusätzlichen Helfern betreut wurde.

Eines Tages, als wir uns auf unserer Beobachtungsplattform schon auf die sonst übliche achtstündige Mittagspause eingerichtet hatten, sollten wir Zeuge eines einzigartigen Schauspiels werden: dem Fluchtverhalten der jungen Hoatzins. Als wir von den beiden Altvögeln, die sich wie immer in unmittelbarer Nähe der Jungen aufhielten, den typischen Alarmruf, ein mehrfaches Krächzen hörten, wurden auch wir alarmiert und versuchten zu erkennen, was sich in der Nähe der Hoatzinfamilie abspielt. Gespannt verharrten wir hinter Foto- und Filmkamera, ohne jedoch von unserer Position einen Störenfried ausmachen zu können. Jetzt schienen die Hoatzins unmittelbar bedroht, schreckten mehrfach hoch, bis sie schließlich aufflogen und sich erst in einiger Entfernung niederließen.

Schon begannen die von ihren Eltern im Stich gelassenen Jungen loszulaufen, krabbelten hastig einige Äste entlang, deren Zweige von Schritt zu Schritt dünner wurden, bis sich die Jungen nun direkt über dem Wasser befanden. Noch zögerten sie eine Sekunde, sprangen dann aber kopfüber, mit ausgebreiteten Flügeln ins Wasser. Während der eine wie eine Ente schwimmend im Wasser trieb, tauchte der zweite sofort unter. Völlig erschöpft sahen wir ihn kurz darauf einige Meter entfernt auf einer Wurzel liegen. Etwa drei Meter hatte der Kleine tauchend, unter Wasser mit den Flügeln rudernd, zurückgelegt. Nach 10 Minuten regungsloser Stille schien sich die Situation wieder zu normalisieren und die Altvögel, die das ganze Geschehen aus sicherer Entfernung verfolgten, wagten sich zurück zu ihren Jungen, die lauthals piepsend am Ufer saßen, und geleiteten sie wieder hoch ins Geäst.

Vögel haben zum Schutz der Jungen die verschiedensten Verhaltensweisen entwickelt. Bei einigen Arten simulieren die Altvögel eine Verletzung und lenken so den Räuber von ihren Jungen ab, andere wiederum greifen den Eindringling an. Einem Bericht zufolge sollen auch Hoatzins Eindringlinge und sogar Menschen angreifen. Obwohl wir täglich mehrere Nester mit Gelegen und Jungen kontrollierten, konnten wir in keinem einzigen Fall ein aggressives Verhalten der Tiere beobachten. Schon bei unserer Annäherung nahmen die Vögel reißaus und überließen so ihre Nachkommenschaft widerstandslos dem Schicksal. Diese Strategie ist insofern einmalig, als hier ausschließlich den noch unselbständigen und vollkommen hilflosen Jungen die Initiative zufällt. Bei Gefahr von Eltern im Stich gelassen, sichert also die Flucht und letztlich der couragierte Sprung ins Wasser den Jungen das Überleben. Ganz junge Hoatzins springen sogar aus dem Nest, das in der schon beschriebenen Weise stets direkt über dem Wasser gebaut ist. Daß junge Hoatzins schwimmen und sogar eine beträchtliche Strecke zu tauchen vermögen, ist um so erstaunlicher, da erwachsene Hoatzins das Wasser meiden. Ausgewachsen haben Hoatzins kaum natürliche Feinde, und es ist äußerst selten, daß ein ausgewachsener Hoatzin einem Habichtsadler, dem mächtigen Raubvogel der Sümpfe, zum Opfer fällt. Da, wie bereits erwähnt, sich auch die Jungen recht erfolgreich zu schützen wissen, geht die Regulation der Hoatzinzahl vor allem durch Plünderung der Gelege vonstatten. Falken, Opossums und Baumschlangen sorgen dafür, daß aus nur etwa jedem vierten Ei ein Küken schlüpft. Ein derartiger Bruterfolg ist durchaus mit dem anderer Tropenvögel vergleichbar und ist letztendlich ein Garant, daß der Bestand der Hoatzins auf längere Sicht auf etwa konstantem Niveau bleibt.

Das Ende der Geschichte

Diese Situation änderte sich mit dem Eingriff des Menschen dramatisch. Da Hoatzins ausschließlich die Uferregionen der Flüsse bevölkern und es auch die Flüsse sind, die bequemen Zugang in die Urwälder ermöglichen, sind die Hoatzins dem Zugriff des Menschen besonders stark ausgesetzt. So sind die Zeiten längst vorbei, von denen noch Schomburkh in Brehms berühmtem „Thierleben" von 1879 berichtet: ... „ein Schuß unter die fröhliche Gesellschaft (der Hoatzins) tödtete mehrere zugleich".

Obwohl man nur sehr schwer verläßliche Informationen erhält, soll es im Norden Brasiliens und in Venezuela noch nennenswerte Vorkommen

Uferregionen der Flüsse und Überschwemmungsgebiete sind der Lebensraum des Hoatzins.

geben, während in Französisch Guyana und Surinam die Hoatzins so gut wie ausgerottet sind. Die besonderen Bedürfnisse des Hoatzins an seinen Lebensraum und seine spezialisierte Ernährungsweise ließen bisher auch jegliche Bemühungen scheitern, ihn in zoologischen Gärten zu halten oder gar zu züchten. Gänzlich unbeobachtet findet so eine über mehr als 25 Mio. Jahre existierende Spezies ihren Platz auf der sinkenden Arche Noah Amazoniens. Ohne natürliche Feinde und mit schier unendlichem Nahrungsangebot waren die Hoatzins so hervorragend an ihren Lebensraum angepaßt, daß sie sich während der Jahrmillionen fast nicht veränderten, und heute als Musterbeispiel für eine durch den fehlenden Selektionsdruck äußerst konservativ verlaufene Evolution gelten. Die besonderen Merkmale des Hoatzins, die in mehrfacher Hinsicht eine enge Analogie mit denen des Urvogels Archaeopteryx zeigen, sollten für die Wissenschaft geradezu eine Herausforderung sein, sich intensiver mit diesem Vogel zu beschäftigen.

Aber nicht nur die Jagdleidenschaft der Menschen, sondern vor allem auch Veränderungen der Umwelt, wie sie gerade in Südamerika in beispiellosem Ausmaß betrieben werden, sind das traurige Menetekel des endgültigen Verschwindens der Hoatzins. Einzig in einigen unzugänglichen Enklaven inmitten der unendlichen Urwälder dürfte dieser „Vogel mit Vergangenheit“ auf längere Sicht noch eine Zukunft haben.

Gerd und Renate Wustig

Der Ziegenmelker bei Nacht

Zum erstenmal gefilmt – Premiere im Tele-Zoo

Wenn auch heute keiner mehr glaubt, daß der Vogel mit dem extrem großen Rachen sich in der Nähe von Weidetieren aufhält, um bei Nacht Kühe oder Ziegen zu melken, so sind Beobachtungen des Ziegenmelkers, der erst in der späten Dämmerung aktiv wird, selten geblieben. Meiner Frau und mir ist es erstmalig gelungen, Szenen von seiner Brutpflege, dem nächtlichen Verhalten und seiner besonderen, für einen Vogel ungewöhnlichen Fähigkeit, Hunger- und Kälteperioden zu überstehen, filmisch zu dokumentieren.

Ende April 1976 hatten wir mit einigen Ornithologen begonnen, verschiedene Brutbiotope des Ziegenmelkers zu besuchen, da wir vorhatten, ihn bei der Brut zu filmen. Endlich, am 20. Mai, hörten wir in einem Heiderevier seinen eigenartig schnurrenden Balzgesang. Doch ein Nest war nicht zu entdecken. Tage und Wochen vergingen. Wir wollten schon aufgeben, als wir am 4. Juli einen Brutplatz direkt auf der Erde fanden, mit zwei bereits drei Wochen alten Jungvögeln. Wenn man von 17–18 Tagen Brutdauer ausgeht, muß der Tag der Eiablage um den 26.–28. Mai gelegen haben. Obwohl die jungen Ziegenmelker also in wenigen Tagen flügge sein würden, wollten wir zumindest herausbekommen, wie sie am Brutplatz auf das für unsere Filmaufnahmen nötige Scheinwerferlicht reagierten.

Ein leistungsstarkes Stromaggregat wurde in einen nahen Steinbruch gefahren, 200 Meter extra starke Stromkabel verlegt und die Scheinwerfer installiert. Gegen 19 Uhr hatten wir einen zehn Meter vom Nest entfernten Hochsitz bezogen. Ein Altvogel blieb trotz der Störung mit halb geöffneten Augen, auf seine Schutzfärbung vertrauend – sein braungraues Gefieder ist wie Baumrinde gezeichnet und der Umgebung hervorragend angepaßt –, bei den Jungen sitzen. An den leuchtendweißen Flecken am Schwanzende und vor jeder Flügelspitze konnten wir erkennen, daß es das Männchen war. Um 21.25 Uhr verließ es die Jungen, offensichtlich um zu jagen. Wir hörten es mal näher, mal weiter vom Nest entfernt rufen. Eine Viertelstunde später wurde das eine Junge gefüttert. Im Abstand von wenigen Minuten erfolgten die weiteren Fütterungen. Gegen 22.30 Uhr schalteten wir unmittelbar nach einer erfolgten Fütterung die Scheinwerfer ein. Dicht an den Waldboden gedrückt, lag der Ziegenmelker mit langgestrecktem Körper neben seinen Jungen. Nichts tat sich, und so schalteten wir nach 30 Minuten das Licht wieder aus. Nur zehn Minuten danach wurde bereits wieder gefüttert. Wir mußten nun also versuchen, die Ziegenmelker erst ganz allmählich an das künstliche Licht zu gewöhnen, so daß sie sich nicht gestört fühlten. Nach drei Tagen glückten die ersten Filmaufnahmen, noch bevor die beiden Jungvögel flügge wurden. In diesen Nächten, in denen die Scheinwerfer brannten, sahen wir nicht ein einziges Mal das Weibchen. Auch tagsüber war nur das Männchen bei den Jungen.

Mit Vorliebe jagen Ziegenmelker über Landstraßen, denn die Lichtquellen und die im Asphalt gespeicherte Wärme locken besonders viele Insekten an. Beim Herannahen von Autos bleiben Ziegenmelker bis zum letzten Moment auf der Straße sitzen und werden dann leider häufig überfahren. Sollte auch das Weibchen dem Straßenverkehr zum Opfer gefallen sein? Noch gab es eine andere Möglichkeit, sein Verschwinden zu erklären. In der Literatur wird von zwei verschachtelten Jahresbruten bei Ziegenmelkern berichtet. In diesen Fällen übernimmt das Männchen die weitere Aufzucht, nachdem das Weibchen das erste Gelege ausgebrütet hat und die Jungen etwa 14 Tage alt sind. Das Weibchen beginnt an anderer Stelle mit der zweiten Eiablage.

Kurze Zeit später fanden wir tatsächlich nur 150 Meter vom ersten Nest entfernt ein weiteres Gelege mit zwei Eiern, das von einem Weibchen bebrütet wurde. Jede Nacht saßen wir nun an und filmten. Die Spannung wuchs von Tag zu Tag. Abend für Abend kam das Männchen, setzte sich einige Minuten auf einen Birkenstumpf in der Nähe und ließ seinen Balzgesang hören. Nur ein einziges Mal sahen wir es beim Weibchen am Nest und auch das nur für einige Minuten.

Am Morgen des 23. Juli wurde das Weibchen unruhig. Es wendete jetzt häufiger die Eier. Und am Abend schlüpfte ein Junges. Nach ungefähr zwei Stunden flog das Weibchen ab, kam aber schon nach ein paar Minuten zurück. Das Junge begann nun, die Mutter nach Futter anzubetteln. Nach einigen Fehlversuchen gelang die erste Fütterung. Einen Tag

Der Ziegenmelker vertraut ganz auf seine Tarnfärbung. Bis zuletzt läßt er Menschen herankommen.

später schlüpfte das zweite Junge, und wir waren auch diesmal wieder mit der Filmkamera dabei.

Die Jungen wuchsen erstaunlich schnell. Immer häufiger mußte das Weibchen die Jungen verlassen, um Nahrung herbeizuschaffen. Nach ungefähr einer Woche brachte das Männchen erst ab und zu, dann immer häufiger dem Weibchen Futter, die erste Brut war, offensichtlich selbständig geworden, ausgeflogen. Die Futterübergabe erfolgte meist nicht weit vom Brutplatz entfernt. Nach wenig mehr als drei Wochen waren auch diese Jungen flugfähig, blieben aber in der Nähe des ehemaligen Nistplatzes und wurden von den Altvögeln weiter gefüttert. Noch Wochen später fanden wir die jungen Ziegenmelker auf kleinen freien Stellen inmitten von Heidekraut tagsüber schlafend. Unseren letzten Ziegenmelker dieses Jahres sahen wir am 28. August. Die Jungvögel verlassen gewöhnlich ihren Geburtsort mit dem Flüggewerden. Von den Altvögeln werden die Brutreviere in der Regel mit dem Selbständigwerden der zweiten Brut,

Ruhendes Ziegenmelker-Männchen.

wie in unserem Fall, Ende August oder im September aufgegeben. Ihr Zugweg führt sie in die Winterquartiere in Süd- und Ostafrika.

Zwei Jahre nach unseren ersten erfolgreichen Filmerlebnissen mit Ziegenmelkern im Sommer 1976, bekamen wir noch einmal die Gelegenheit, eine weitere außergewöhnliche Verhaltensweise vom Ziegenmelker zum erstenmal im Film festzuhalten: Ziegenmelker sind schon in ihrem Äußeren hervorragend an ihre Lebensbedingungen angepaßt. Eine für uns erstaunliche Leistungsfähigkeit zeigen sie im physiologischen Bereich, wenn es gilt, Hunger und Kälte zu überdauern. Wir prüfen das im Laborversuch an einem halbzahmen Vogel.

Zum Wiegen streifen wir ihm einen leichten Ring aus Pappe über, damit er nicht wegfliegen kann. Sein Körpergewicht ist normal: Es beträgt 62,5 Gramm. Das Gewicht von Ziegenmelkern kann stark schwanken. Bei reichlicher Ernährung erreichen sie im Herbst vor dem Wegzug bis zu 100 Gramm Gewicht. Sie können andererseits innerhalb weniger Tage um zehn Gramm abnehmen. Mit Hilfe eines Temperaturfühlers messen wir in der Kloake die Körpertemperatur. Sie beträgt bei unserem Vogel 40,9 Grad. Vögel haben normalerweise höhere Temperaturen als wir Menschen. Niedrigere Werte mißt man bei diesem nachtaktiven Vogel während der Ruhezeit am Tage, die höchsten abends bei Beginn der Jagd.

Jetzt simulieren wir für unseren Ziegenmelker im Labor schlechtes Wetter: Es gibt keine fliegenden Insekten, das heißt, der Vogel muß hungern.

Da geschieht etwas Merkwürdiges: Der Ziegenmelker sitzt völlig regungslos und steif da. Er fühlt sich leblos und kalt an. Es scheint so, als wäre er in tiefem Schlaf. Der Vogel schläft aber nicht und ist auch nicht krank. Er ist in einem besonderen, aber für ihn notwendigen Starrezustand. Solche Fähigkeiten sind nur von wenigen anderen Vogelarten bekannt. In diesem Starrezustand legen wir unseren Ziegenmelker nochmals auf die Waage. Er hat etwa zehn Gramm an Gewicht verloren. Die Körpertemperatur ist stark auf 18 Grad Celsius gesunken. Einen solchen Zustand könnten wir Menschen kaum überleben.

Kann man in diesem Verhalten einen Sinn erkennen? Ziegenmelker überleben Kälte und Nahrungsmangel in der Natur durch einen physiologischen Trick. Indem sie ihre Körpertemperatur senken, stellen sie ihren Energieverbrauch auf Sparschaltung. So können sie bei geringem Gewichtsverlust mehrere Schlechtwettertage überstehen.

Unser Ziegenmelker wird gegen Abend allmählich aus seiner Hungerstarre munter. Er muß seine Körpertemperatur wieder auf normale Werte bringen. Besonders seine starken Flugmuskeln werden erwärmt. Das geschieht durch anhaltendes Flügelzittern. Auch wir Menschen erwärmen uns, wenn wir unterkühlt sind, durch unbewußtes Kältezittern, oder indem wir uns bewußt bewegen.

Der Vogel wird allmählich immer lebendiger. Die Augen sind jetzt geöffnet, und er beherrscht seine Bewegungen wieder. Es war uns eine große Erfüllung, daß es uns gelang, durch den Einsatz von besonderer Aufnahmetechnik und sensiblem Einfühlungsvermögen in das Leben der Ziegenmelker vorzudringen und viele Verhaltensweisen dieser bedrohten, nachtaktiven Vogelart im Film sichtbar zu machen, die vorher kaum ein menschliches Auge wahrnehmen konnte.

Hans-Jürgen Zimmermann

Der Feldhase

Eigentlich hatte ich damit gerechnet, daß mich Alfred Schmitt vom ZDF auslacht, wenn ich ihm einen Film über unseren „Feldhasen“ anbiete.

Aber er hat mich nicht ausgelacht!

Vielmehr hat er sich auf seinem Stuhl zurückgelehnt, in Ruhe nachgedacht und dann geantwortet: „Warum eigentlich nicht?!“

Das war 1981, und ich war fest entschlossen, mich – wann immer es möglich war – mit der Kamera an die Fersen der schnellen Hasen zu heften.

„*Hase?* Kenne ich, na klar!“ erwiderten mir meine Freunde und Bekannten und fügten meist noch hinzu: „Gibt es bei uns im Neuwieder Schloßpark massenhaft . . .“

Mir war natürlich klar, daß dies keine Hasen waren, sondern Wildkaninchen. Dafür gab es zwei Gründe: „massenhaftes Vorkommen“ und „Schloßpark“ – also inmitten der Stadt. Der Feldhase lebt überwiegend als Einzelgänger – außer in der Rammelzeit –, während das Wildkaninchen ein typischer Sippenbewohner ist und gesellig lebt.

Dieses allgemein verbreitete Unwissen schon bei der Unterscheidung gab mir auch den Mut, einen Film über *Lepus europäus*, unseren Feldhasen, zu drehen.

Den Osterhasen kennt jedes Kind, und auch das Märchen vom Hasen und Igel ist jedermann bekannt. Getrost kann man vom Feldhasen sagen, daß ihn jeder kennt. Mit „Kennen“ kann aber nur das Aussehen gemeint sein, denn die eben beschriebenen „Augenzeugen“ waren fest davon überzeugt, mir etwas von den massenhaft vorkommenden Hasen zu erzählen.

Bestes Unterscheidungsmerkmal sind die großen, langen Löffel, die Ohren des Hasen. An den Spitzen sind sie schwarz gefärbt. Wenn der Hase „sichert“, stellt er die Löffel steil auf und breitet sie wie Schalltrichter aus.

Porträt eines Feldhasen.

Das Wildkaninchen dagegen hat kleine, eher rundlich geformte Löffel. Normalerweise ist der Feldhase auf der Oberseite seines Fells braun gefärbt, das Wildkaninchen eher grau. Davon abgesehen, unterscheiden sich die Tiere erheblich in ihrer Größe. Der Feldhase ist zwar fast doppelt so groß wie das Wildkaninchen, was für den Betrachter im freien Feld jedoch nicht immer sichtbar wird. Er ist das kleinste Säugetier, das den Winter ohne schützenden Bau übersteht.

Viel auffälliger wird die Unterscheidung dann bei der Entwicklung der beiden Tiere. Der Feldhase bringt pro Wurf ein bis zwei Junge zur Welt, die behaart sind und offene Augen haben. Sie werden von der Häsin an einem trockenen Platz irgendwo im Feld oder Gehölz abgesetzt. Obwohl die jungen Hasen keinerlei Witterung abgeben, werden sie dennoch von Fuchs und Marder entdeckt.

Die jungen Wildkaninchen werden in einer eigens für die Aufzucht gegrabenen Wurfröhre ca. einen Meter tief im Erdreich nackt und blind geboren. Hier bleiben sie etwa vier bis sechs Wochen, bis sie so weit herangewachsen sind, daß sie der Mutter folgen können.

Schon bei der Suche nach einem geeigneten Hasenrevier war mir klar, daß sich dieses Filmthema nur mit extrem langen Objektivbrennweiten realisieren läßt. Zunächst versuchte ich es mit einem 400 mm Teleobjektiv. Die Ergebnisse waren nicht zufriedenstellend, da die Fluchtdistanz für dieses Objektiv zu groß und die Abbildungsgröße auf dem Filmbild zu klein war. Besser ging es dann mit 650 mm. Ich hatte mir vorgenommen, auch bei diesem Film wieder alles ohne Ansitzschirm oder Filmzelt zu drehen. Bis auf ganz wenige Ausnahmen habe ich alle meine Filme durch „Ansitzen" gedreht. Man ist so mobil und kann bei Bedarf und günstigen Geländeverhältnissen eher den Standort wechseln. So war es auch beim Feldhasen! Im April des darauffolgenden Jahres begann ich mit den Dreharbeiten.

Der erste Drehtag war sonnig und warm. Die Vegetation war nach dem vorangegangenen strengen Winter noch weit zurück. Auf einem großen, noch blanken Acker saßen zwei Feldhasen im Abstand von etwa fünf Meter ruhig nebeneinander.

Aus dieser Ruhe wurde plötzlich eine Verfolgungsjagd. Die beiden Hasen waren ein Rammler, ein männlicher Hase also, und eine Häsin: ein Hasenpaar in Hochzeitsstimmung.

Kurze Verfolgungsjagden und kleinere Scheinkämpfe wechselten sich ab; dazwischen folgten etliche Ruhepausen, bei denen sich der Rammler immer näher an die in einer Sasse, einer Bodenmulde, liegende Häsin heranschob.

Ich versuchte mit Kamera und Stativ, so nahe wie möglich an die Tiere heranzukommen. Meter um Meter kroch ich auf dem Boden näher. Die Hasen „trieben" mitten auf dem großen Acker und hatten nach jeder Seite einige hundert Meter Rundumsicht.

Ich wußte, daß der Feldhase auf bewegliche Fremdobjekte aufmerk-

Kämpfende Hasenrammler. Foto: Stefan Meyers

sam reagierte, und ging deshalb so auf die Hasen zu, daß sie von mir keine Seitwärtsbewegung feststellen konnten, also schnurgerade. Als sich der Rammler plötzlich auf die Hinterbeine stellte und einen „Kegel baute", war das für mich ein Alarmzeichen: Er hatte mich wahrgenommen, und ich durfte nicht näher herangehen. Vielleicht verdanke ich es dem richtigen Wind, daß die Hasen nicht davongelaufen sind, denn schon wenige

Augenblicke später wendete sich der Rammler wieder seiner Häsin zu, und das Treiben begann von neuem. Und schließlich, nach vielen Prügeleien und etlichen Ohrfeigen, kam es zur Hasenhochzeit!

Ein glücklicher Tag für einen Tierfilmer.

Wochen später! Die Saat ist bereits aufgegangen, so daß man die Hasen nur noch an den Löffelspitzen erkennt. Dicht neben mir entdecke ich einen Hasen bei der Morgentoilette. Er ist so mit dem Putzen beschäftigt, daß ich in aller Ruhe meine Kamera aufbauen kann. Doch als ich fertig bin, ist er es auch. Er dreht sich um und verschwindet kurzerhand in der Saat. Jedoch schon wenige Minuten danach ist er wieder da, äst ausgiebig und putzt sich wieder. Die Kamera läuft. Im Sucher kann ich die Tauperlen im Gegenlicht glitzern sehen. Unvergeßliche, formatfüllende Bilder entstehen in dieser frühen Morgenstunde. Dann ist die Filmrolle voll. Ich warte, bis der Hase wieder in der Saat verschwindet. Doch er legt sich genau an dieser Stelle nieder. Ganz langsam schleiche ich im Rückwärtsgang zum Auto, um eine neue Filmrolle zu holen. Auch der Filmwechsel – immer mit Geräusch verbunden – vollzieht sich in unmittelbarer Nähe des Hasen. Doch den stört das offenbar nicht.

Als ich gegen Mittag zum erstenmal auf die Armbanduhr schaue, habe ich bereits mehr als sechs Stunden in direkter Nähe des Hasen zugebracht, ohne daß er mich bemerkt hat.

Wie war das möglich?

Da war zunächst einmal der Wind, der aus der Richtung des Hasen kam und somit weder meine Witterung noch das Kamerageräusch zu ihm hintrug. Durch die seitlich am Kopf liegenden Augen kann der Hase zwar fast rundum, aber nur in einem ganz kleinen Bereich räumlich sehen. Bewegt man sich nicht, hat man gute Chancen, unbemerkt zu bleiben.

Der Hase legt sich Sassen an, wie der Jäger die muldenförmigen Liegeplätze nennt. Diese sind in der Regel im flachen Acker zu finden. Im Neuwieder Becken, wo ich den Großteil meiner Szenen gefilmt habe, gibt es in der Feldflur sehr viele Böschungen. Sie stammen aus einer Zeit, in der hier Bims ausgegraben wurde. Da nicht alle Parzellen „ausgebimst" wurden, entstand eine Landschaft in zwei Etagen. An solch einer Bimskante gelang es mir, einen Hasen zu filmen, der hier seine Sasse, wie eine kleine Höhle, im oberen Drittel der Steilwand gegraben hatte. Von dieser Stelle aus hatte er eine sehr gute Aussicht und konnte ungestört dösen.

Eine ideale Anpassung des Hasen an seinen Lebensraum!

Viele Menschen sprechen von „Angsthasen" und meinen damit einen verängstigten Menschen. Der Begriff „Angsthase" ist jedoch völlig falsch.

Um den Feinddruck auszuhalten, ist es dem Hasen in gefährlichen Situationen, in denen jedes andere Tier in Panik flüchten würde, möglich, seine Herzfrequenz zu reduzieren. Der Hase bleibt ruhig, sich auf den Boden drückend, liegen.

Wer schon einmal im Herbst einen Spaziergang über abgeerntete Felder gemacht hat, wird dies schon beobachtet haben:

Plötzlich läuft unmittelbar vor den Füßen ein Hase davon. Man ist erschreckt, weil er so dicht vor einem lag. Der Hase verläßt sich ganz auf sein erdfarbenes Tarnkleid. Dazu kommt die in Streßsituationen verminderte Herztätigkeit, die ihm die nötige Ruhe verleiht, einen Feind dicht herankommen zu lassen.

Die langen Hinterbeine ermöglichen ihm einen Blitzstart aus der Sasse, der jeden Angreifer zunächst verblüfft. Dann, mitten im Spurt, schlägt er Haken, wechselt im schnellen Sprint ruckartig die Laufrichtung und hängt spätestens jetzt jeden Verfolger mühelos ab. Solche Kapriolen kann man bei Treibjagden erleben, wenn Hunde vergeblich einen Hasen zu fangen versuchen.

Nicht immer spurtet er davon, manchmal verdrückt er sich regelrecht. „Sich dünne machen", könnte man auch sagen. Dabei rutscht der Hase ganz dicht am Boden entlang, immer nur ein kleines Stück vorwärts, mit kleinen Pausen dazwischen. Durch die langsame Fortbewegung bleibt er für die meisten Beobachter ungesehen.

Nachdem der Film über den Feldhasen im Tele-Zoo gelaufen war, wollte ich auch das Wildkaninchen porträtieren. Schon bei den ersten Aufnahmen wurde mir klar, daß ich es hier mit viel scheueren und empfindlicheren Darstellern zu tun hatte. Mit meiner ungeblimpten (blimp = Schallschutz) Filmkamera war es unmöglich, in der Nähe von Wildkaninchen zu drehen. Das Einschalten der Kamera und das Kameralaufgeräusch veranlaßte sie sofort zur Flucht. Es war also nur mit einer extrem leisen Kamera möglich, fernsehgerechte Bilder aus dem Leben der grauen Flitzer zu bekommen.

Die Kaninchen waren allerdings nicht überall so scheu und geräuschempfindlich. Es gibt Stadtrandgebiete, da leben die Kaninchen zu Hunderten in Kolonien und in unmittelbarer Nähe des Menschen. Im stadtnahen Erholungsgelände von Köln konnte ich Bilder drehen, die an australische Verhältnisse erinnern.

Das Leben der Wildkaninchen spielt sich immer in der Nähe der Wohnbaue ab. Ganz selten gehen sie weit von den Röhren entfernt auf Nahrungssuche. Am Rande einer Kiesgrube fand ich die für den Film idealen Kaninchenbaue, die in allen Jahreszeiten ein schönes Bild boten.

Über einen Zeitraum von mehreren Jahren beobachtete ich dort das Leben und Treiben von einem übersichtlichen Platz aus.

An einem Sommerabend saß ich wieder mal an der Steilwand und wollte mit der Kamera „meine" Kaninchen beobachten. Lange Zeit saß ich still hinter der Kamera, aber die Kaninchen ließen sich nicht sehen. Gerade als ich aufbrechen wollte, sah ich in dem fast zugewachsenen Kaninchenbau eine Bewegung. Im Kamerasucher war nur eine rötlichbraune Fellfarbe zu erkennen, mehr nicht.

Eine Katze im Karnickelbau?

Dann auf einmal kam ein Kopf zum Vorschein. Ein Jungfuchs und dann noch ein weiterer.

Tatsächlich hatten sich zwei fast erwachsene Jungfüchse die Kaninchenröhre als Tagesaufenthalt ausgesucht und die Eigentümer kurzerhand verjagt. Die mußten sich nun so lange eine andere Bleibe suchen, bis die Jungfüchse einen eigenen Fuchsbau beziehen würden.

Für die Dreharbeiten im Kaninchenbau hatte ich in einigen Monaten in mühevoller Kleinarbeit einen Kunstbau angelegt, der den Querschnitt durch die unterirdischen Röhrengänge zeigte. Auch eine Satzröhre war vorgesehen, in der das Kaninchenweibchen seine Jungen zur Welt bringen sollte. Die Anlage war im Keller meines Hauses installiert, und ich konnte durch eine Glasscheibe das Leben unter der Erde filmen.

Wenige Tage, nachdem die Kaninchen das neue Heim bezogen hatten, beobachtete ich, wie sich das Weibchen Bauchwolle ausriß. Die im Maul durchgekauten Haare trug es in die von mir als Kinderstube vorgesehene Satzröhre und polsterte damit den am Ende liegenden Kessel aus. Anscheinend hatte ich die Röhre so passend angelegt, daß für das Kaninchen nur diese als Kinderstube in Frage kam.

Als tief in der Nacht die Wurfröhre ausgepolstert war, wartete ich gespannt darauf, auch die Geburt filmen zu können. Es wurde eine lange Nacht, eine Nacht des Wartens!

Kaum ging ein Scheinwerfer an, verließ das Weibchen die Satzröhre; wurde es dunkel, kroch es flugs wieder hinein. Gegen 3.00 Uhr gab ich auf, in der Hoffnung, das Kaninchen würde es auch tun. Aber es hatte nur darauf gewartet, daß es ruhig wurde und die Lampen ausgingen. Im

Dunkel des Kunstbaues, irgendwann zwischen 3.00 Uhr nachts und 7.00 Uhr morgens, kamen drei Junge zur Welt.

Diesen Einblick in sein Privatleben hatte das Kaninchen dem Kameraauge verwehrt . . .

Bis zu ihrem Verlassen der Satzröhre konnte ich interessante Bilder vom Leben der jungen Wildkaninchen drehen, z. B. das Säugen in der engen Kinderstube.

Die Freilandszenen habe ich – wie schon beim Feldhasen beschrieben – ohne Kameraverstecke gedreht. Die Tiere gewöhnen sich nach einer gewissen Zeit an das „ruhige Etwas" in der Landschaft und verhalten sich wieder ganz natürlich. Häufig passiert aber dann folgendes:

Nach langem Warten, wenn sich die Tiere wieder beruhigt haben und man natürliche Verhaltensabläufe drehen könnte, hört man im Hintergrund Schritte. Neugierig schreitet ein Spaziergänger auf einen zu und fragt: „Sagen Sie, was machen Sie denn da? Beobachten Sie etwas, vielleicht Vögel!?"

Die Kaninchen waren dann sofort wieder im Bau verschwunden, und das Ansitzen war wieder einmal vergebens. Ein Einzelfall? Keineswegs. So etwas passiert mir immer wieder – egal, wo ich mich befinde.

Zum Schluß noch ein paar allgemeine Bemerkungen zum Thema Natur- und Tierfilm.

Die Fauna und Flora bietet weltweit ein fast unerschöpfliches Themenspektrum. Ich habe es mir zur Aufgabe gemacht, ausschließlich Filme über heimische Arten zu machen. Unsere Tierwelt bietet eine Fülle von faszinierenden Ereignissen, über die es sich lohnt, möglichst vielen Menschen zu berichten.

Diese Filme haben für den Betrachter einen besonderen Wert, denn er kann im Film Gesehenes mit eigenen Beobachtungen verbinden. Vielleicht gelingt es mir, mit den bereits vorhandenen und zukünftigen Natur- und Tierfilmen bei vielen Menschen ein stärkeres Interesse als bisher an der heimischen Natur zu wecken.

Hans-Jürgen Zimmermann

Nächtliche Wanderer – Aus dem Leben der Feuersalamander

Viele Menschen sehen mich erstaunt und manchmal auch ungläubig an, wenn ich ihnen erzähle, wie viele Tierarten es bei uns gibt. Ich höre immer wieder die Meinung, man könne in Wald, Feld und Flur überhaupt keine Tiere mehr sehen, die Arten ausgenommen, die ans winterliche Futterhäuschen kommen oder im Stadtpark zu beobachten sind. Besonders ältere Menschen erzählen mir, sie hätten früher viel mehr Tiere gesehen als heute.

Gibt es denn wirklich so wenig freilebende Tiere in unserem Land, oder haben wir heute kein Auge mehr für sie?

In der Beliebtheitsskala der Menschen rangieren Amphibien und Reptilien, also Frösche, Kröten, Lurche und Schlangen, tief unten. Betrachtet man diese Tiere jedoch einmal näher, vielleicht gar aus der „Froschperspektive", dann stellt man plötzlich sogar ihre Schönheit fest.

Ein gutes Beispiel hierfür ist der „Feuersalamander", den ich mir 1980 als erstes Tele-Zoo-Thema ausgesucht hatte. Der Feuersalamander ist neben dem Laubfrosch vielleicht der bekannteste Vertreter unter unseren heimischen Amphibien, obwohl man ihn sehr selten zu Gesicht bekommt. Fast ausschließlich nachtaktiv, kommt er meist nur nach heftigen Gewitterregen aus seinem unterirdischen Versteck heraus. Wo alte Baumbestände mit moosbewachsenem Felsboden bis an ein Gewässer heranreichen, hat man als Naturfreund und Wanderer am ehesten Gelegenheit, Feuersalamander anzutreffen.

Eine zufällige Beobachtung ergibt aber kein Filmthema. Ein Tierfilm soll eine umfassende Information bieten, wenngleich auch in straffer Bildfolge.

Für meine Dreharbeiten bedeutete dies die Kombination von Freilandbeobachtungen und Studioszenen, denn es stellte sich schon nach kurzer Zeit heraus, daß die meisten Verhaltensmuster, wie etwa die Nahrungsaufnahme oder gar die Geburt der Jungen, nur im Terrarium gefilmt werden konnten. Aber auch im Studio funktionierte das nicht wie am Schnürchen. Der Feuersalamander bewegt sich im allgemeinen langsam, kann aber unter Umständen, zum Beispiel wenn ihm Gefahr droht, relativ schnell laufen.

Um seinen Beutefang zu filmen, mußte die Kamera schon mit der ersten Reaktion des Salamanders laufen. Denn manchmal schnappte er schnell nach einem Käfer oder Wurm, um ihn in wenigen Augenblicken zu verschlingen.

Ein anderes Mal ließ er sich viel Zeit, drehte den Kopf in eine andere Richtung, so als interessiere ihn die Beute überhaupt nicht, reagierte jedoch sofort auf die kleinste Bewegung des Käfers. Nur zuschnappen wollte er immer noch nicht! Meistens bin ich auf dieses „Nicht-Interesse" des Salamanders hereingefallen und habe die Kamera abgeschaltet. Doch genau dann schnappte er zu, und bevor die Kamera wieder lief, war die Beute schon zur Hälfte im großen Salamandermaul verschwunden. Diese Unberechenbarkeit ist ein besonderes Problem für den Tierfilmer, sie ist aber von Tier zu Tier verschieden.

So hatte ich ein Salamander-Weibchen, das nach kurzer Eingewöhnungszeit im eigens für die Dreharbeiten hergestellten Terrarium nach allem schnappte, was sich nur bewegte. Ein anderes war so scheu und freßunwillig, daß ich nach mehreren erfolglosen Filmversuchen die Aufnahmen abbrach und es wieder an seinen Fundort zurückbrachte.

Viele Meter Film liefen durch meine Kamera, bei deren Belichtung ich schon genau wußte, daß sie später nicht zu gebrauchen waren. Bei fast allen Abläufen war es notwendig, den Kameraauslöser so frühzeitig zu betätigen, daß auch der Beginn einer Handlung vollständig zu sehen war. Oft glaubte ich, daß jetzt der richtige Augenblick dafür da war. Die Kamera lief und lief, nichts passierte. Der Salamander verharrte und bewegte sich nicht von der Stelle. So wurde der Film über das Leben der nächtlichen Wanderer, der Feuersalamander, vom Filmmaterial her eine sehr aufwendige Produktion mit einem Drehverhältnis von etwa 1:30! Das bedeutet: Für eine Minute gesendeten Film werden 30 Minuten Film belichtet.

In einer Jagdzeitschrift las ich vor einiger Zeit, daß ein junger Hund einen Feuersalamander aufschnappte und kurze Zeit später verendete, obwohl der Besitzer dem Hund seine Beute sofort aus dem Fang genommen hatte. Jägerlatein?

Der Feuersalamander, unverwechselbar wegen der schwarz-gelben Färbung, die allerdings im Muster stark variieren kann. Foto: Reto Hug

Keineswegs, da es sich um einen jungen Hund handelte, der den Salamander mit seinen spitzen Zähnen gepackt hatte. Das hatte den Feuersalamander dazu veranlaßt, sich auf seine Weise zu wehren.

Der vorwitzige junge Hund hatte den Feuersalamander zwar nur spielerisch zwischen die Zähne genommen, der Salamander fühlte sich aber angegriffen und setzte sofort seine Giftdrüsen zur Verteidigung ein.

Der Feuersalamander lebt in einer feuchten Umgebung, jedoch nicht im Wasser. Ausgenommen sind die wenigen Tage, bei denen die Weibchen

ihren Hinterleib ins Wasser strecken, um ihre Jungen zur Welt zu bringen. Um in dieser ständigen Feuchtigkeit vor Bakterien- und Pilzbefall geschützt zu sein, sind über den gesamten Rücken, vom Kopf bis zur Schwanzspitze, kleine Drüsen in der Haut verteilt. Sie versorgen die stets feuchte Salamanderhaut mit einem Sekret, das wirksam gegen die Mikroorganismen schützt.

Anders als diese Schleimdrüsen dienen die Giftdrüsen der Abwehr von Feinden. Die auffallende gelb-schwarze Färbung des Feuersalamanders ist eine optische Warnung für Angreifer und bedeutet: Vorsicht, ich bin giftig!

Obwohl schon die frisch aus der Eihaut geschlüpften Larven mit den gleichen „Waffen" ausgestattet sind, gibt es in ihrer Umgebung Feinde, die sie dennoch töten. Zu ihnen gehört der Rückenschwimmer. Dieser Wasserkäfer umklammert die Feuersalamanderlarven mit den Fangarmen und bohrt seinen Saugrüssel durch die Haut in den kleinen Körper. Er umgeht so die Hautgiftdrüsen und saugt seine Opfer aus. Die im Laichgewässer des Feuersalamanders lebenden Libellenlarven erbeuten hingegen die Jungtiere mit ihren großen Kiefern, den Fangmasken, und fressen sie bei lebendigem Leib auf, ohne durch das Drüsengift geschädigt zu werden.

Für meine Dreharbeiten ergab sich aufgrund der außergewöhnlichen Lebensweise des Feuersalamanders ein Problem. Nicht die Haltung der Tiere im Filmbiotop war schwierig, sondern die Beleuchtung des künstlich geschaffenen Lebensraumes.

An das nur etwa 15 cm große Tier mußte ich mit der Filmkamera dicht heran. Mit der normalen Optik war das nicht möglich. Ich brauchte ein spezielles Makro-Objektiv. Damit konnte ich bis auf etwa 20 cm an das Tier heran. Besonders im Nahbereich benötigt man viel Licht, um noch einigermaßen Tiefenschärfe zu erhalten. Jeder, der mit seiner Kleinbild-Spiegelreflexkamera Blumen fotografiert und dabei ein Balkengerät oder Vorsatzlinsen verwendet hat, kennt diese Licht- und Schärfenproblematik. Nur vertragen Blumen das Licht der Sonne ohne Schaden und können zudem beim Fotografieren zur Steigerung der Tiefenschärfe zusätzlich geblitzt werden. Der Salamander hingegen flüchtet in sein unterirdisches Versteck, sobald ihm das Sonnenlicht zu stark wird.

Viele Testfilme habe ich belichtet, bis die Ergebnisse für mich zufriedenstellend waren. Das heutige Filmmaterial ermöglicht bei extrem schlechten Lichtverhältnissen zwar eine Unterbelichtung bis zu zwei Blenden, die bei der Entwicklung wieder korrigiert werden können. Diese forcierten Filme haben jedoch den großen Nachteil, daß sie durch den verstärkten Entwicklungsprozeß einen höheren Kornanteil zeigen, wodurch das „Bildrauschen" stärker wird. Eine Verschlechterung der Brillanz wollte ich aber nicht in Kauf nehmen und lieber etwas von der Tiefenschärfe einbüßen sowie häufiger die Schärfe nachziehen. Deshalb wurden alle Szenen im künstlichen Filmbiotop bei minimaler Beleuchtung und mit der größtmöglichen Blende gedreht.

Der in der Fernsehsendung gezeigte sichtbare Tag-/Nachteffekt wurde nachträglich erzielt. Er wurde bei der Filmabtastung vorgenommen, bei der das geschnittene Film-Original auf ein Magnetband (MAZ) überspielt wird. Bei diesem Arbeitsgang sind exakte Licht- und Farbkorrekturen möglich, die besonders bei Tierdokumentationen notwendig sind. Stellt man sich vor, daß sich allein an einem Tag das Licht und damit die Farbwerte mehrmals ändern, werden auch die an diesem Tag gedrehten Filmszenen alle unterschiedliche Farbstimmungen haben. Schneidet man diese Szenen aneinander, die vielleicht nur im Abstand von einer Stunde gedreht wurden, entsteht der Eindruck, daß sie an verschiedenen Tagen gedreht wurden. Wurde die erste Szene vor Sonnenaufgang gedreht, hat sie meistens noch einen hohen Blauanteil und wirkt in der Betrachtung kalt. Die zweite Szene, die unmittelbar bei Sonnenaufgang belichtet wurde, erhält einen hohen Rotanteil und wirkt im Gegensatz zu der vorherigen Szene eher warm. Diese Farbsprünge gibt es aber auch am Tag. Schon die der Sonne vorgelagerte Wolke verändert die Farbtemperatur und läßt die Szene kalt erscheinen.

Alle Ungleichheiten in Licht und Farbe können auf dem Überspielweg korrigiert und angeglichen werden. Ebenso können Spezialeffekte erzielt werden. So enthielt der Feuersalamander-Beitrag Nachtszenen, die bei Tag gedreht wurden.

Eines Tages brachte ein Freund einen fast ausgewachsenen Feuersalamander mit, der schon die schwarz-gelbe Färbung eines Alttieres und gleichzeitig noch Kiemenbüschel der Larve hatte.

Eine kleine Sensation und genau zum richtigen Zeitpunkt für den Film!

Wir fuhren gemeinsam zum Fundort, einem alten Schieferstollen im Lahntal.

Es war tiefer Winter. Der Waldweg war so vom Schnee freigeschoben, daß man nur in eine Richtung fahren konnte. Der Fahrt durch den verschneiten Winterwald schloß sich ein langer Fußmarsch an, bis wir endlich an der Höhle ankamen. Drinnen war es angenehm warm, zumindest war es frostfrei, und wir konnten bald unsere Mäntel ausziehen. Eine Akkuleuchte sollte uns in dem Stollen Licht geben. Wir brauchten nicht weit zu gehen, bis wir fündig wurden. In dem glasklaren Wasser des Schieferstollens konnte ich gleich mehrere dieser sonderbaren Salamanderlarven sehen.

Normalerweise leben die Jungtiere nach der Geburt für einige Zeit im Wasser. Hinter dem Kopf ragen an beiden Seiten drei sogenannte Kiemenäste hervor, durch die der Körper mit Sauerstoff versorgt wird. Mit dem Ende der Larvenzeit bilden sich diese Kiemenäste zurück, und die Lungenatmung beginnt. Dann müssen die Tier auftauchen, um zu atmen.

Dieser Vorgang spielt sich etwa drei Monate nach der Geburt ab. Die Larven bekommen dann ihr gelb-schwarzes Farbkleid und sehen schon wie die Alttiere aus, nur sind sie viel kleiner. In diesem Stadium verlassen die jungen Salamander das Wasser und werden von nun an zum Landtier. Selbstverständlich können erwachsene Feuersalamander ganz ausgezeichnet schwimmen, jedoch sind sie schon nach kurzer Zeit erschöpft und lassen sich dann gerne von der Strömung treiben, bis sie irgendwo ans Ufer gelangen.

Unsere Feuersalamander im Schieferstollen hingegen hatten den normalen Zeitpunkt der Umwandlung vom Wasser- zum Landtier verpaßt. Ihre Haut war schon kräftig gelb-schwarz gefärbt, und auch in der Größe sahen sie wie erwachsene Salamander aus. Doch sie lebten ausschließlich im Wasser, und ihre Kiemenbüschel hinter dem Kopf waren voll ausgeprägt.

Was war der Grund für dieses anormale Verhalten? Enthielt das Wasser irgendeinen Zusatz? Wir nahmen Wasserproben und untersuchten sie, doch wir fanden nichts Außergewöhnliches.

Während meiner Dreharbeiten lernte ich den Zoologen Dr. Hartmut Greven von der Universität Münster kennen und erzählte ihm von dem besonderen Vorkommen. Wir vereinbarten einen Ortstermin, um gemeinsam nach den Ursachen zu suchen. Bis heute aber ist uns der Grund für diese Neotonie nicht bekannt!

Kurz nach der Tele-Zoo-Sendung rief mich ein Mann aus Koblenz an und erzählte mir von einem Feuersalamander, den er vor ein paar Jahren in der Nähe eines Bergwerks gefunden hatte und der seitdem bei ihm in einem großen Terrarium lebt. Dieser Salamander hatte Pigmentstörungen; ihm fehlten die Schwarztöne in der Haut. Er war voll ausgewachsen, hatte die typischen großen schwarzen Augen, und über dem Rücken waren zwei Reihen der gelben Farbe zu sehen. Alle anderen Hautpartien, die normalerweise hätten schwarz sein müssen, waren hellbraun und erinnerten mehr an die Farbe der menschlichen Haut. Wahrscheinlich hätte dieser untypische Feuersalamander draußen kaum eine Überlebenschance gehabt, weil ihm die gelb-schwarze Warnfärbung fehlte.

Die Geburt eines Feuersalamanders sollte den Höhepunkt des Films bilden. Überall hatte ich gelesen, daß dies kaum zu beobachten sei, da sie nachts stattfindet und zudem noch im Wasser. Schon im zeitigen Frühjahr wandern die trächtigen Salamanderweibchen mit Beginn der Dunkelheit zu einem klaren Quelltümpel oder einem Gebirgsbach. An einer flachen Stelle gehen die Weibchen mit dem Hinterleib ins Wasser und verharren so, bis der Geburtsvorgang abgeschlossen ist.

Solche Filmszenen lassen sich nicht in der Natur drehen, hier mußte eine Spezialkonstruktion im Labor helfen, fernsehgerechte Bilder zu bekommen. Das laichende Salamanderweibchen war gegen Scheinwerferlicht empfindlich. Aber um unter Wasser zu drehen, brauchte ich viel Licht. Zunächst konstruierte ich aus besonders dünnen Glasscheiben ein Aquarium. Die Einrichtung wurde dem Normalbiotop nachempfunden, und die Beleuchtung wurde etwas verstärkt, um eine kleine Reserve für die Tiefenschärfe zu erzielen.

Es wurde Abend, und der Versuch sollte zeigen, ob das Salamanderweibchen mitspielte. Kaum bewegte es den Hinterleib, schaltete ich die Scheinwerfer an und wartete gespannt darauf, den ersten Geburtsvorgang zu drehen. Aber es tat sich nichts! Das Licht ging wieder aus bis zur nächsten Reaktion des Weibchens. Licht an, Licht aus, Licht an, Licht aus, nichts! Als ich es aus seinem künstlichen Laichgewässer heraushob, stellte ich mit Erschrecken fest, daß sich die Wassertemperatur durch die Lampen um etliche Grad erhöht hatte.

Nun war klar, warum keine Larven abgesetzt wurden.

Wie aber sollte ich für Abhilfe sorgen?

Eine kleine Umwälzanlage hätte mir zuviel von dem feinen Sand am Boden aufgewühlt, und das Wasser wäre trübe geworden. Es mußte anders möglich sein, die Wassertemperatur bei 8 °C bis 10 °C zu halten!

Eine Idee kam mir beim Öffnen des Kühlschranks. Eiswürfel waren die Lösung des Problems!

Am nächsten Abend stand in greifbarer Nähe zum Laichgefäß ein Eiskübel – randvoll gefüllt mit Eiswürfeln. Und es hat wunderbar funktioniert!

Die Aufnahmen von der Geburt unter Wasser waren der Höhepunkt dieser Dokumentation über die nächtlichen Wanderer, die Feuersalamander.

Es ist äußerst schwierig, die Tiere in Gefangenschaft zu halten und artgerecht zu ernähren. Viel schöner ist es, den Feuersalamander dort zu beobachten, wo er zu Hause ist und ihn auch dort zu lassen. Mit jedem Tier, das aus der Wildbahn entnommen wird, schwindet die Chance der

Fortpflanzung und damit der Arterhaltung. Deshalb ist es verboten, den unter Naturschutz stehenden Feuersalamander mitzunehmen und als Haustier zu halten.

Auch ich habe nach Abschluß der Dreharbeiten alle Feuersalamander wieder dort ausgesetzt, wo ich sie gefunden hatte. Die bei mir zur Welt gekommenen Jungtiere wurden ebenfalls in den Lebensraum der Alttiere zurückgebracht.

Für alle Tierfreunde und Naturliebhaber sind als weiterführende Literatur ebenfalls im Birkhäuser Verlag zwei Werke erschienen, die jede Buchhandlung für Sie bereithält:

Die besten Fotos aus über 5000 Einsendungen zum «Tele-Zoo»-Fotowettbewerb, kommentiert von dem bekannten Moderator Alfred Schmitt, machen die Lebensbedingungen von Tieren in unserer Zeit sichtbar und regen zum Nachdenken an. Ein Buch, das sich in idealer Weise zum Verschenken eignet.

ISBN 3-7643-2409-0

Heidi Hahn / Otto Hahn

NOTRUF AUS DER ARCHE

Ein alarmierender Report über die Vernichtung der belebten Natur

Birkhäuser

In diesem alarmierenden Report stehen bereits ausgestorbene Tierarten ebenso im Mittelpunkt wie aufrüttelnde Ausführungen über letzte Schutzmöglichkeiten gefährdeter und ebenfalls vom Aussterben bedrohter Tiere. Ein sorgfältig recherchiertes Buch, das den Stoff der Filmserie vertiefend dokumentiert und Mut macht, umzudenken und selbst aktiv zu werden.

ISBN 3-7643-2410-4

Für alle Tierfreunde und Naturliebhaber sind als weiterführende Literatur ebenfalls im Birkhäuser Verlag zwei Werke erschienen, die jede Buchhandlung für Sie bereithält:

Die besten Fotos aus über 5000 Einsendungen zum «Tele-Zoo»-Fotowettbewerb, kommentiert von dem bekannten Moderator Alfred Schmitt, machen die Lebensbedingungen von Tieren in unserer Zeit sichtbar und regen zum Nachdenken an. Ein Buch, das sich in idealer Weise zum Verschenken eignet.

ISBN 3-7643-2409-0

Heidi Hahn / Otto Hahn

NOTRUF AUS DER ARCHE

Ein alarmierender Report über die Vernichtung der belebten Natur

Birkhäuser

In diesem alarmierenden Report stehen bereits ausgestorbene Tierarten ebenso im Mittelpunkt wie aufrüttelnde Ausführungen über letzte Schutzmöglichkeiten gefährdeter und ebenfalls vom Aussterben bedrohter Tiere. Ein sorgfältig recherchiertes Buch, das den Stoff der Filmserie vertiefend dokumentiert und Mut macht, umzudenken und selbst aktiv zu werden.

ISBN 3-7643-2410-4